U0920229

图书在版编目（CIP）数据

围炉夜话 / (清) 王永彬著 ; 陈小林注评. -- 武汉 :
长江文艺出版社, 2019.6(2023.9 重印)
(国学经典丛书. 第二辑)
ISBN 978-7-5702-0421-2

Ⅰ. ①围… Ⅱ. ①王… ②陈… Ⅲ. ①个人－修养－
中国－清代②《围炉夜话》－注释③《围炉夜话》－译文
Ⅳ. ①B825

中国版本图书馆 CIP 数据核字(2018)第 102154 号

责任编辑：黄海阔　　责任校对：毛季慧
封面设计：新华智品　　责任印制：邱　莉　王光兴

出版：长江出版传媒　长江文艺出版社
地址：武汉市雄楚大街 268 号　　邮编：430070
发行：长江文艺出版社
http://www.cjlap.com
印刷：三河市百盛印装有限公司

开本：880 毫米×1230 毫米　1/32　　印张：6.75
版次：2019 年 6 月第 1 版　　2023 年 9 月第 2 次印刷
字数：150 千字

定价：68.00 元

总　序

郭齐勇　武汉大学国学院院长

国学大师钱穆先生曾说“今人率言‘革新’，然革新固当知旧”。对现代人尤其是青年一代来说，缺乏的也许不是所谓的“革新力量”，而是“知旧”，也即对传统的了解。

中国文化传统的源头，都在中国古代经典当中。从先秦的《诗经》《易经》，晚周诸子，前四史与《资治通鉴》，骚体诗、汉乐府和辞赋，六朝骈文，直到唐诗、宋词、元曲和明清小说，在传统经典这条源远流长的巨川大河中，流淌着多少滋养着我们精神的养分和元气！

《说文解字》上说“经”是一种有条不紊的编织排列，《广韵》上说“典”是一种法、一种规则。经与典交织运作，演绎中国文化的风貌，制约着我们的日常行为规范、生活秩序。中国文化的基调，总体上是倾向于人间的，是关心人生、参与人生、反映人生的，当然也是指导人生的。无论是春秋战国的诸子哲学，汉魏各家的传经事业，韩柳欧苏的道德文章，程朱陆王的心性义理；还是先民传唱的诗歌，屈原的忧患行吟，都洋溢着强烈的平民性格、人伦大爱、家国情怀、理想境界。尤其是四书五经，更是中国人的常经、常道。这些对当下中国人治国理政，建构健康人格，铸造民族精魂都具有重要意义。经典是当代人增长生命智慧的源头活水！

长江文艺出版社历来重视中华民族优秀传统文化的传播及普及，近年来更在阐释传统经典、传承核心文化价值、建构文化认同的大纛下努力向中国古典文化的宝库掘进。他们欲推出《国学经典丛书》，殊为可喜。

怎么样推广这些传统文化经典呢？

古代经典和现代读者的阅读习惯及趣味本来有一定差距，如果再板起面孔、高高在上，只会让现代读者望而生畏。当然，经典也不是任人打扮的小姑娘，一味将它鸡汤化、庸俗化、功利化，也会让它变味。最好的办法就是，既忠实于经典的原汁原味，又方便读者读懂经典，易于接受。在这个原则的指导下，《国学经典丛书》首先是以原典为主，尊重原典，呈现原典。同时又照顾现实需要，为现代读者阅读经典扫除障碍，对经典作必要的字词义的疏通。这些必要精到的疏通，给了现代读者一把迈入经典大门的钥匙，开启了现代读者与古圣先贤神交的窗口。

放眼当下出版界，传统文化出版物鱼目混珠、泥沙俱下，诸多出版商打着传承古典文化的旗号，曲解经典，对现代读者尤其是广大青少年认知传承经典起了误导作用。有鉴于此，长江文艺出版社推出的《国学经典丛书》特别注重版本的选取。这套丛书大多数择取了当前国内已经出版过的优秀版本，是请相关领域的名家、专业人士重新梳理的。这些版本在尊重原典的前提下同时兼顾其普及性，希望读者能有一次轻松愉悦的古典之旅。

种种原因，这套丛书必然会有缺点和疏漏，祈望方家指正。

王永彬和他的《围炉夜话》

《围炉夜话》是清代王永彬撰写的一部格言体著作，自面世以来，一直盛行不衰，与明代洪应明《菜根谭》、陈继儒《小窗幽记》并称“处世三大奇书”。

王永彬（1792—1869），字宜山，学者称宜山先生，枝江（今属湖北宜都）人。一生功名不显，仅以恩贡生就教职，任候选教谕，敕授修职郎。好读书，勤于著述。著有《历代帝统年表》一卷、《先正格言集句》一卷、《朱子治家格言》一卷、《六书辨略》一卷、《音义辨略》一卷、《禊帖集字楹联》一卷、《孝经衬解》一卷、《围炉夜话》一卷，合称《桥西山馆杂著八种》。另有《讲学录》《说古韵言》《桥西馆诗文杂著》《独柱山房诗文杂著》《脏腹病药夫》等。[①]

《围炉夜话》有一篇题于“咸丰甲寅二月既望”的引言，这样解释书名的由来：“岁晚务闲，家人聚处，相

①有关王永彬生平著述，参见王洪强、周国林《族谱中关于〈围炉夜话〉作者王永彬的资料考述》，载《文献》2012 年第 1 期。

与烧榾柮煨山芋，心有所得，辄述诸口，命儿辈缮写存之，题曰‘围炉夜话’。”咸丰甲寅是咸丰四年，即公元1854年，王永彬63岁。由此可见，《围炉夜话》是王永彬晚年在与家人闲谈时口述，由儿辈记录而成的，是这位老人的人生经验之谈，也可以视为一部教育子弟的家训。

作为晚清社会的一位地方乡贤，王永彬的思想观念不脱儒家范围，他在《围炉夜话》中所要传达的种种，也是如此。全书涉及修身养性、为人处世、立业务本、读书励志、尊师益友、安贫乐道、济世助人、持家教子、忠孝勤俭、清正廉洁等多方面的内容，所谈皆属常情常理，也可以说是老生常谈。从这一点讲，作者在引言里说的“意浅”，倒真不是自谦。譬如作者数次提到“恒业”，认为善于谋生的人要有恒业（第9、231条），有了恒业，就不会游手好闲，就能“收放心”（第90条）。所以为子孙谋取产业，还不如“教子孙习恒业”（第107条）。这个“恒业”指长期从事的某项事业，近似于我们今天说的专业。又譬如教子方面，作者认为教育子弟要从幼时抓起（第1条），从严要求（第8、17条），不可纵容骄惯（第72、135条），以立品行为主（第49条），同时父兄也要以身作则（第37条）。一个人能够教育好子弟，就是创立家业了（第111条）。子弟天性易教，勿溺爱，防止子弟骄傲自满；子弟习气难改，不放弃，防止子弟自暴自弃（第112条）。再如谈读书，作者认为读书须切己（第5条）、在明理（第166条），读书要勤奋（第18、20条）、下苦功（第121条），不知足（第168条）；看书要有自己的眼光（第45条），还要见之于行（第1条），要有用（第158条）；读书人要甘于清贫（第116条），能领略读书之乐（第59条），不可入于下流（第64条）。诸如此类的意见，没有任何深奥玄妙的地方，都是朴朴素素、实实在在的道理，我们在其他很多儒家著作中都能读到。其他有关立志、为善、择友、慎言等内容，莫不如此。

我们说王永彬所谈皆属老生常谈、常情常理，绝对不是贬义词，毋宁说这正是《围炉夜话》这本书能够广泛流行的重要原因。儒家当然谈天道、说心性，但儒家思想能够“接地气”，成为传统中国人普遍遵循的生活态度和行为准则，类似王永彬这样的儒家思想信奉者、传播者所起的作用，不容忽视。

《围炉夜话》能够广泛流行的另一个重要原因，还在于它艺术上的一些特征。

首先，《围炉夜话》文辞朴实浅近，感情真实诚挚，如同和一位德高望重的老人交谈，虽然是劝诫教导，但听起来并不令人反感，反而能让人感受到他的循循善诱，自然而然会认同。

其次，《围炉夜话》每一条都是隽永简洁的对偶句，一方面朗朗上口，易于记诵，另一方面可以达到相互生发、言约旨远的效果。譬如第61条上句说“敬他人，即是敬自己”，简单明了，却发人深思。为什么要尊敬别人？因为你尊敬他人，他人也就会尊重你，所谓“敬人者，人恒敬之”“我敬人一尺，人敬我一丈”。更进一步，你对待别人的态度体现了你的道德修养，敬人就是自重，所以我们要“敬他人”。第150条“矮板凳，且坐着；好光阴，莫错过”，作者自注：“上句系梦中所闻语。”这句“矮板凳，且坐着”可谓含义丰富，可以理解为甘于寂寞，不求闻达；也可以理解为不怕辛劳，潜心问学；还可以理解为珍惜少年的好时光，等等。该书的这个特色，很大程度上也使它能够与《菜根谭》《小窗幽记》鼎足。

再次，《围炉夜话》善于打比方，把道理说得让人易懂。譬如第74条用莲花易谢说明富贵需要收敛、小草再生说明困穷不忘振作的道理，第167条以桃子、栗子的果肉做比喻，说明“积善余庆”“多藏厚亡”的道理，贴切生动，很有生活气息，让人印象深刻。

《围炉夜话》有《桥西山馆杂著八种》本，清咸丰、同治年间刻本，国家图书馆藏。另吉林省图书馆藏有单行本，根据书前引言定为清咸丰四年刻本。据著录，两个版本行款一致，当同出一源，甚或是同一个版本。这两个版本比较少见，目前市面上流行的是中华书局的徐永斌评注本，以及多家出版社推出的各种点校注释本。此次整理出版，我们以国家图书馆藏《桥西山馆杂著八种》本为底本，分原文、注释、译文和评语四个部分，原书没有标记条数，为整理者所加，以期方便读者阅读和理解。

《桥西山馆杂著八种》本共231条，和221条的通行本相比，区别有：

一、《桥西山馆杂著八种》本第151条（论事须真识见，做人要好声名）、152条（处境太求好，必有不好事出来。学艺怕刻苦，还有受苦时在后）、175条（男以务农为本，故“男”字从田。妇以服役事人，故“妇”字从帚）不见于通行本，通行本第166条（莫大之祸，起于须臾之不忍，不可不谨）不见于《桥西山馆杂著八种》本。

二、通行本第10条、31条、62条、72条、75条、198条，在《桥西山馆杂著八种》本里分成两条，第16条分为三条。

三、《桥西山馆杂著八种》本第94条、112条、150条、164条有小字夹注，通行本没有。从全书均用对偶句来看，通行本第166条应属误植，因而《桥西山馆杂著八种》本比通行本多了三条内容。2016年媒体报道傅世金、张昀瀛编译的《〈围炉夜话〉原版读本》将要出版，内容分“全本注译”“作者传记”“资讯报告”和“原版鉴赏”四个部分，所说“原版”“全本”，指的就是《桥西山馆杂著八种》本。

本人学识浅陋，此次承乏整理《围炉夜话》，在点评方面对时贤的好意见多有吸收，在此致以谢意。至于书中的可能错误，自当由本人负责，并请读者朋友不吝指正。

陈小林

2018年春节

围炉夜话引言

寒夜围炉，田家妇子之乐也。顾篝灯坐对①，或默默然无一言，或嬉嬉然言非所宜言②，皆无所谓乐，不将虚此良夜乎？余识字农人也。岁晚务闲，家人聚处，相与烧榾柮煨山芋③，心有所得，辄述诸口，命儿辈缮写存之④，题曰“围炉夜话”。但其中皆随得随录，语无伦次⑤，且意浅辞芜⑥，多非信心之论，特以课家人消永夜耳⑦，不足为外人道也。倘蒙有道君子惠而正之⑧，则幸甚。

咸丰甲寅二月既望⑨，王永彬书于桥西馆之一经堂

【注释】 ①顾：但。篝（gōu）灯：置灯于笼中。篝，竹笼。坐对：相对而坐。

②嬉嬉然：欢笑的样子。

③相与：一起。榾（gǔ）柮（duò）：木柴块，树根疙瘩，可当炭用。煨（wēi）：在带火的灰里烧熟东西。山芋：即红薯、地瓜。

④缮（shàn）写：抄写。

⑤语无伦次：形容话讲得很乱，没有条理。这里是作者谦称自己写作本书没有条理。

⑥意浅辞芜：意思浅薄，文辞杂乱。

⑦特：只是，仅仅。课：督促。

⑧有道君子：指人格高尚、学问品行兼好的人。

⑨咸丰甲寅：即公元1854年。既望：古时对农历每月十六的代称。

一

教子弟于幼时[1]，便当有正大光明气象[2]；检身心于平日[3]，不可无忧勤惕厉工夫[4]。

【注释】 ①子弟：指子侄辈，对父兄而言，泛指年轻后辈。

②气象：气概，人的言行态度。

③检：检讨，反省。身心：身指所言所行，心指所思所想。

④忧勤：忧虑勤劳。惕厉：警惕激励，心存戒惧。语出《易·乾》："君子终日乾乾，夕惕若厉，无咎。"工夫：指所达到的造诣、修养。

【译文】 教导年轻后辈要从幼年时开始，培养他们凡事应有正直、宽大、无所隐藏的气概；在日常生活中要时时反省自己的言行和思想，不能没有忧患勤劳和警戒砥砺的修为。

【评语】 俗话说："三岁看老。"一个人童年时期所养成的行为习惯，会塑造他的人格，影响他的人生，往往决定了他会成为什么样的人，所以必须重视对孩子的教育。现代心理学家提出了才能递减的法则，即教育开始得越早，越能培养卓越的才能；而才能增长的可能性，随着年龄的增长，反而会迅速减少。这是零岁教育的理论基础，意味着教育要趁早。对孩子的教育不仅要早，更要全面，不能仅仅满足于技能的训练和智力的获得，也要重视品德、气度以及情感方面的培养，让孩子尽早养成良好的习惯，拥有光明磊落的人格和正直宽大的胸怀。倘能如此，那么孩子长大以后，无论面对何种境况，他都能泰然处之，从容应对。小而言之，现代职场拼的是情商，是胸怀，是境界，一个具有光明磊落人格和正直宽大胸怀的人，自然能走得更远；大而言之，这也决定了他人生的长度和厚度。

对孩子的教育，不外乎言传和身教。父母是孩子最好的老师，人们常说："每一个熊孩子的背后，都有一对熊父母。"所以哪怕只是从教育孩子的角度考虑，做父母的都应该注意自身的言行举止，在平日的生活中养成随时自我反省的习惯：自己的所作所为，是否有所懈怠而不够勤奋？自己的所思所想，是否缺乏自我砥砺的警惕呢？这样一来，大人的修养提高了，孩子在这种熏染中自然也会养成完善的人格。

本篇前句言幼童的教养，后句说成人的修养，二者密切相关。因为每一个孩子都将成人，每一个成人都曾是孩子。

二

与朋友交游[①]，须将他们好处留心学来[②]，方能受益；对圣贤言语[③]，必要我平时照样行去，才算读书。

【注释】 ①交游：和朋友往来交际。

②好处：优点、长处。

③圣贤言语：圣人、贤人所说的话。这里指记载圣贤言语的典籍。

【译文】 和朋友交往共游，必须仔细观察他的优点和长处，用心学习，才能领受到交朋友的益处。对于古圣先贤所留下的著作，一定要在平常生活中遵循实践，才算是真正领会了书中的意思。

【评语】 人是社会性的动物，是需要朋友的，只有神仙与野兽才喜欢孤独。每一个人都有自己的朋友圈，真正的朋友当然是越多越好，毕竟俗话说得好，“多一个朋友，多一条路”。不过，每一个人都有他的长处和短处，朋友之间相处，贵在相知相助，相互学习对方的长处，相互为师。我们要抓住和朋友交往的机会，善于观察、学习朋友的长处，以补上自己的短板。如此才能不断提高自己，和大家一起进步，友谊自然也会持久。

“开卷有益”，从某种意义上说，书是我们一个特殊的朋友，我们通过书中记载的圣贤哲理，与逝去的圣贤交往。所以就像我们要善于学习朋友的长处一样，对于圣贤留下来的著作，我们也要善于领会，做到理论联系实践，知行合一，身体力行。读圣贤书，行圣贤事，才是真正的“读书”。如果只是死记硬背，而不能在日常生活中活用书中的知识，就非但不能得到读书的真正好处，反而可能变成不知变通、迂腐守旧的“冬烘先生”。

三

贫无可奈惟求俭①，拙亦何妨只要勤②。

【注释】 ①惟：只有。

②拙：笨，不灵巧。妨：妨碍，有害。

【译文】 穷得毫无办法的时候，只有力求节俭，日子也能过下去。天性愚笨没有什么关系，只要加倍勤奋，就能弥补不足。

【评语】 人没法选择自己的出身，有的出身寒门，有的出身富贵。人生的际遇也各有不同，有时连遭厄运，由富裕跌入贫困，有时否极泰来，从贫穷变为富足。处于贫困，如果能养成节俭的好习惯，再慢慢谋求宽裕之道，贫穷就不是跨不过去的坎。如果一味奢侈浪费，那么即使是大富大贵之家，总有支撑不下去、“忽喇喇似大厦倾”的时候。中国文化里历来就有“贵俭”的思想，《周易·节卦》把对于节俭的态度分为三种：一是“甘节”，即甘心节俭，把节俭当作乐事；二是“安节”，即能安于节俭，不追求豪华奢侈；三是“苦节”，即把节俭当作一种悲苦，抱怨人生。这三种态度，必然产生三种不同的结果：甘于节俭，前途就会吉祥美好；安于节俭，做事会通达顺利；苦于节俭，结果将是不幸的。所以贫无可奈时，要摆脱贫困，最可贵的是甘节，最起码要安节，最忌讳的是苦节、不节。

同样道理，人生下来的资质也不一样，有的人天资聪颖，举一反三；有的人却天资愚鲁，简单的事情也要花费很多时间才能弄懂。天资愚鲁并不可怕，因为人的发展除却先天条件，后天的努力也占有重要位置，只要努力勤学，不断充实自己的经验，以后的成就并不见得就比天资聪颖的人小。“勤能补拙”“笨鸟先飞”说的都是这个道理。有的人天赋再好，却不知后天的努力，一旦荒废，和愚鲁的人也没什么差别。神童方仲永不注重学习，最后“泯然众人”，教训可谓极其深刻！

四

稳当话[①]，却是平常话，所以听稳当话者不多；本分人[②]，即是快活人[③]，无奈做本分人者甚少。

【注释】 ①稳当：安稳而妥当。

②本分：安分守己。

③快活：快乐。

【译文】 安稳而妥当的话，一般都是稀松平常、不足以让人惊奇的话，所以喜欢听这种话的人并不多。一个人能安守本分，不希求越分的事，便是最快乐的人了，可惜能够安分守己的人，也是很少的。

【评语】 平实稳妥的话，不足以耸人听闻，但我们不得不承认，其中也许就包含着人生的大道理，只是人们听得多了，习以为常，忘记了真理往往是大白话。夸夸其谈、新奇动听的话固然容易打动听者，但是未必可靠。我们不否认把话说得漂亮是一种语言方面的才华，但背后一定要有思想作为支撑，否则再漂亮的话语，都是苍白的装饰而已。

人生在世都希望过得快乐，可什么是快乐？各人有不同的见解。大多数人以为在高位、住高楼、开名车、娶美人才算快活，于是千方百计追求，不惜违法乱纪，甚至赔上身家性命。实际上，按照我们本来的面目去生活，保持我们的赤子之心，做一个清清白白、本本分分的人，才是最大的快乐。

可惜的是，我们身处的这个时代和社会，愿意听平常话、做本分人的人少之又少。

五

处事要代人作想，读书须切己用功[①]。

【注释】 ①切己：亲身，亲自。

【译文】 处理事情的时候，要多替别人着想。读书却必须亲自用功，因为别人并不能代替。

【评语】 人都有利己的一面，这毋庸讳言。人的成长，从某种意义上说，就是不断克服利己思想，最后实现我为人人，人人为我。毕竟每个人都不是孤立的，人的本质“在其现实性上，它是一切社会关系的总和”。与人交往和处理事情，多为别人着想，不要斤斤计较。有时处处为己，侵犯他人的利益，不见得能占到多少便宜，反而招人怨恨，自己也不会很愉快。天下的事难以预料，今日你不给别人方便，他日别人也不会给你方便。所以做人要宽厚，多为他人着想。

读书是自己的事，读得好，学问是自己的；读得不好，别人也无法代替你读。“学问为济世之本”，如果学问不好，任凭理想多高，也无法实现。因此一定要切实地要求自己读好书，才能谈自我实现与服务社会。当前社会上流行“读书无用论”，这是一种极其荒谬、经不起推敲的论调。读书不仅可以完善自己的人格，丰富自己的精神，提升自身的境界，哪怕从世俗对于成功的定义来看，读书多、读书好的人仍在激烈的社会竞争中占有优势。

六

一“信”字是立身之本[①]，所以人不可无也；一“恕”字是接物之要[②]，所以终身可行也。

【注释】 ①信：信用、信誉。立身：为人处世，立足安身。②恕：推己及人之心。接物：与别人交际。

【译文】 一个“信”字，是我们立身处世的根本，任何人都不可没有信用。一个“恕”字，是我们与他人交往时最重要的品德，值得终生奉行。

【评语】　信，是人立身处世的根本。《说文》中对“信”的解释是：“人言也，人言则无不信者，故从人言。”就是说，“信”就是人所讲的话，不是人讲的话才会无“信”。一个人如果无“信”，就是没有人格的人，别人不会把他当人看待，也耻于和他交往。没有信用的公司，必定得不到信任，没有哪家公司敢和它做生意。所以一个人、一家公司要在社会上立足，“信”是多么重要。

“恕”是推己及人的意思。人与人交往，或者在社会上做事，不能只站在自己的立场考虑问题，要学会换位思考，才能处理好事情。“恕”是与人交际时的一个重要原则，值得终生奉行。

七

人皆欲会说话，苏秦乃因会说而杀身[①]；人皆欲多积财，石崇乃因多积而丧命[②]。

【注释】　①苏秦：战国时纵横家，游说六国合纵以抗秦，使秦国不敢窥函谷关有十五年。后至齐，被齐大夫所杀。

②石崇：晋人，富可敌国，因为生活豪奢遭忌而被杀。

【译文】　人都希望自己有极佳的口才，但是战国的苏秦就是因为口才太好，才会被齐大夫派人暗杀。人人都希望自己能积存很多财富，然而晋代的石崇就是因为财富太多，遭人嫉妒，才惹来杀身之祸。

【评语】　能言善辩，口若悬河，这是很多人希望拥有的才能。不过凡事皆有两面，逞一时口舌之利，可能讨好这一边的人，却不见得能讨好那一边的人，这边的人捧场，那边的人却可能要拆台。古人说“沉默是金”，又说“祸从口出”，是因为存在“说者无意，听者有心”“说者未必然，听者未必不然”的事实，过多的说辞反而引起不必要的误解乃至嫉恨。所以言语方面谨慎一点，总不见得是坏事。

天下人都以为财富愈多愈好，毕竟财务自由那么令人向往。应该说，财富本身没有是非善恶，关键要取之有道，用之合义。但是人性贪婪，所谓“人为财死，鸟为食亡”，因为“钱”而失去性命的人，历代可见，随处可闻，石崇只不过是这些人当中较典型的一个而已。我们当然不必视金钱如粪土，毕竟钱多好办事，但也不能一味钻进钱眼里，人生的乐趣和幸福有在金钱之外的内容。正确的态度应该是：役钱而不役于钱。即是说，人要做金钱的主人，而不能做金钱的奴仆。

八

教小儿宜严，严气足以平躁气①；待小人宜敬，敬心可以化邪心②。

【注释】 ①严气：严肃、严格的态度。躁气：轻率、性急的脾气。

②敬心：尊重而谨慎的心。邪心：不正当的心思。

【译文】 最好以严格的态度教导小孩子，严格的态度可以平息他们顽皮急躁的心。最好以尊重而谨慎的态度对待小人，尊重而谨慎的态度可以化解他们邪僻不正的心。

【评语】 小孩子的心性总是顽皮的，稚气未脱、躁气好动而又固执任性，若不以严肃的态度教导他，一味溺爱娇宠，过分迁就忍让，他会以为你和他闹着玩，就不会认真对待你的教导。长此以往，势必会强化孩子的稚气、躁气，甚至会让孩子养成目无尊长、不懂谦让的坏毛病。一旦走上社会，这又势必给他的成长带来不好的影响。人们常说，“你若不好好教育孩子，以后社会会替你狠狠教育他”，可见教子宜严是非常必要的。

对待小人，人们往往在感情上讨厌，在态度上鄙视，在交往中提防。其实，这并不是理智的选择。古人说：“宁可得罪君子，不可得罪小人。”由于小人的心思已经邪僻，倘若再被人厌恶、轻视和排挤，他就更有理由去做邪曲的事了。譬如明末的阮大铖，本非大奸大恶之辈，原先还想加入东林党阵营，但“清流诸君子持之过急，绝之过严，使之流芳路塞，遗臭心甘”。后来阮大铖在南明弘光朝掌权，就大肆迫害复社文人。所以对待小人，与其鄙视，倒不如尊重他的人格，也许，这种尊重会化解他的邪念，促使他不再做出让自己和别人轻视的事情了。

九

善谋生者，但令长幼内外勤修恒业[①]，而不必富其家；善处事者，但就是非可否审定章程[②]，而不必利于己。

【注释】　①但：仅，只。恒业：经常而持久的事业。

②章程：办理事务的规则和程序。

【译文】　长于维持生计的人，只是使家中年纪无论大小，事情无分内外，每个人都能努力将分内的事完成，这虽不一定能使家道昌盛，却能让家业在稳定中增长。长于办理事务的人，只是针对事情的对错和可行与否加以判断，并订立一个规则和程序，并且这不一定要对自己有利益才去做。

【评语】　所谓善谋生者，不一定是善于积聚财富的人。能够将家庭事务安排得井井有条，让家庭的每一个人各安其业，各有所司，大家和睦相处，有力往一处使，这也就是善于谋生的人了。善于谋生，那么在维持一家生计的基础上，财富总能由少到多。相反，不能齐家，管理无方，纵有丰厚家产，恐怕也维持不久。

善于处理事务者，通常能够就事务的本身加以分析，从事物的开始、中间到结束，都能抓住要领，提纲挈领。并且为了保障事情有序进行，他能根据实际订下章程和必须依循的规则，让参与其事者有章可循，有法可依，自然事半功倍，能将事情处理得完满。善处事者尤其不可自私自利，因为一旦有这样的念头，便会失去大家的支持和配合，对事情的判断也会失之主观，那就必然做不好事情了。

一〇

名利之不宜得者竟得之，福终为祸；困穷之最难耐者能耐之，苦定回甘。

【译文】 得到不该得的名声和利益，当初以为是幸运，终究会成为灾害。最难以忍耐的贫穷和困苦，若能咬紧牙关加以忍耐，最后一定会苦尽甘来。

【评语】 功名和利益是很多人孜孜以求的，但得到不该得的功名利益，非但不是福分，反而会是大祸害。为什么这么说呢？因为功名是公众对具有高风亮节、卓越才能、功勋卓著的人物的肯定和赞誉，利益是社会对人们付出心血、努力和贡献所给予的报酬。一般来说，如果资质平庸，不具备什么才能，没有付出相当的努力，对社会也没有什么贡献，就不配得到功名利益。这样的人即使得到了功名利益，但才德不足以相配，名不副实，日久天长，终会被人识破，到时美名变成臭名，岂不是“福终为祸”？更有甚者，通过不正当手段攫取功名利益，初时也风光体面，到头来机关算尽太聪明，最终被人唾弃，反遭到灾祸当头、身败名裂的下场。

贫穷和困厄，虽然会折磨人，然而也最能磨砺人、造就人。历史上众多的伟人志士，正是在贫困中磨炼了意志，砥砺了气节，从而成就了伟业。正所谓“劳其筋骨，饿其体肤，空乏其身，行拂乱其所为，所以动心忍性，增益其所不能”。一个人耐得住困苦，不畏艰险，不辞劳苦，敢于奋争，终究能够“苦尽甘来”。

一一

生资之高在忠信[①]，非关机巧[②]；学业之美在德行，不仅文章。

【注释】 ①生资：资质，天分。

②机巧：机变取巧。

【译文】 人的资质高低，在于对事是否尽心而有信，和机变巧心无关。读书读得好的人，不仅在于文章之美妙，更在于他的道德品行之美好。

【评语】 人天性的资质有高下之分，但这并不能决定人格的高下，人格的高下取决于忠诚和有信。机智巧妙的人，不见得资质就高。那些心术不正、不讲忠信的人，尽管机智灵巧，到头来既害自己，又害他人，给社会带来危害。还不如愚鲁却能忠厚待人的人，这些人至少不会祸害他人和社会。

同样，书读得好，并不见得就是那些文章写得好的人。因为读书是读人生的道理，是习做人的学问。有些人文章虽美，但品德败坏，人格猥琐，根本不能算是一个读书人。还不如那些书虽读得不多，却品行无亏、通晓人情事理的人。因此，学业贵在修行，文章贵在德高，文美与人美的和谐统一，才堪称学业之美。

一二

风俗日趋于奢淫[①]，靡所底止[②]，安得有敦古朴之君子[③]，力挽江河；人心日丧其廉耻[④]，渐至消亡，安得有讲名节之大人[⑤]，光争日月[⑥]。

【注释】 ①奢淫：奢侈，荒淫。

②靡所底止：出自《诗经·小雅·祈父》："胡转予于恤，靡所底止。"指没有止境。靡，没有。底止：终止。

③敦：淳厚，笃实。古朴：指朴素而有古代的风格。君子：泛称有才德的人。

④廉耻：清廉知耻。

⑤名节：名誉节操。大人：德行高尚的人。

⑥光争日月：可以与日月争辉。

【译文】 社会风气日渐奢侈浮华，没有改善的迹象；怎样才能出现一个不同于流俗而又质朴的才德之士，挽回风气日下的局面，恢复原本的善良质朴。世人已逐渐失去廉耻之心，总有一天会完全不知羞耻；如何能出一位重视名誉和气节的有德之士，用他可与日月争辉的德行唤醒世人的廉耻之心呢？

【评语】 世界上大多数的人注定是平庸的，往往随俗浮沉而不自觉。所以古人重视道德气节，主张贤人政治，希望通过贤明之士的提倡、教化，能使大众争起仿效，从而使得整个社会风气好转。这是有一定道理的。不过这在现实操作层面比较困难，因为无论是哪个时代，相对于平庸的大众，杰出的贤能之士终究太少，难以在短时期内挽回风俗人心。毕竟，当满目望去都是“皆醉”的“众人”时，做一个“独醒”的“我”是极其痛苦的。但也正因为这样，做一个“独醒”的“我”又是非常可贵的。这个“独醒”的“我”肩负起唤醒庸众、重塑道德人心、扭转社会风俗的历史责任，其功绩可与日月争辉。

一三

人心统耳目官骸①，而于百体为君②，必随处见神明之宰③；人面合眉眼鼻口，以成一字曰苦（两眉为艸④，眼横鼻直而下承口，乃苦字也），知终身无安逸之时。

【注释】 ①统：统帅，总管。官骸：五官和身体。骸，形骸。

②于百体为君：指心在人体器官中居于首要地位。

③神明：即神祇，这里指主宰知觉、运动等生命活动现象的神灵。古人把大脑、中枢神经的部分功能和心联系起来，故又有“心藏神”的说法。宰：主宰。

④艸：同“草”。用作偏旁。

【译文】 心统治着人的五官及全身，可以说是身体的主宰，一定要随时保有纯净的心神，才能使言行不致出错。人的脸是合眉、眼、鼻、口而成形，若将两眉当作部首的草头，把两眼看成一横，鼻子为一竖，下面承接着口，恰巧是一个“苦”字。由此可知，人的一生是苦多于乐，没有安闲快活的时候。

【评语】 古人认为心是全身器官的君王，是身体的主宰。君王昏昧，朝政必然混乱，天下就会大乱。君王若清明，朝政必然合度，天下就会太平。所以要时时保持“心”的清楚明白，行为才不会出差错。一个人要修炼自己的“心”，处己有操守，待人很和善，做事循原则，为社会做更多的贡献。一个人如果连自己的心都不能按捺得定，又谈何超越自我、改造世界呢？

人追求快乐幸福，是无可厚非的。但我们在追求快乐幸福的同时，也要正确认识、对待愁苦困难。“苦”字写在人的脸上，人生不会一帆风顺，总会遇到这样或那样的困难。如果错误地以为人生原本当乐，那么自然就感到这些困难苦不堪言，于是常被困难击倒压垮。若能想到人生本来苦多于乐，那么就能在艰难困苦中苦中作乐，勇于进取，反而可以战胜困难，成就事业。

一四

伍子胥报父兄之仇而郢都灭[①]，申包胥救君上之难而楚国存[②]，可知人心足恃也[③]；秦始皇灭东周之岁而刘季生[④]，梁武帝灭南齐之年而侯景降[⑤]，可知天道好还也[⑥]。

【注释】 ①伍子胥（前559—前484）：名员，字子胥，春秋时期楚国人。父、兄被楚平王杀害，伍子胥从楚国逃到吴国，发誓要灭楚。公元前506年，伍子胥协同孙武带兵攻入楚都郢，掘楚平王墓，鞭尸三百，以报父兄之仇。郢：楚国都城，在今湖北省江陵县附近。

②申包胥：春秋时期楚国大夫，与伍子胥友善。伍子胥逃奔吴国，曾对申包胥说自己一定能灭掉楚国，申包胥说你能灭掉楚国，我也一定能复兴楚国。后来伍子胥攻破楚都郢，楚昭王出逃到随。申包胥到秦国请求帮助，在秦廷哭了七天七夜，终于感动了秦国君臣。秦国出兵击退吴军，楚昭王得以返国。

③恃：依靠，凭借。

④秦始皇（前259—前210）：即嬴政，秦庄襄王之子。中国历史上著名的政治家、战略家、改革家，被誉为“千古一帝”。刘季：即汉高祖刘邦（前256—前195），他在兄弟中排行第四，故称刘季。周赧王五十九年（前256），东周为秦所灭，此时秦国君主是秦庄襄王。此处称秦始皇灭东周，有误。

⑤梁武帝（464—549）：即萧衍，字叔达，谥号武帝，南北朝时期梁朝政权的建立者。他在位四十八年，颇有政绩。晚年佞佛，朝政日非，于是爆发侯景之乱。梁武帝被侯景囚禁，活活饿死于台城。南齐：南北朝时期南朝的第二个朝代。公元479年，萧道成迫使刘准禅让，建立齐。公元502年，齐和帝萧宝融被迫禅位于南齐宗室萧衍。侯景（503—552）：字万景，北魏怀朔镇人。初为北朝朱尔荣部将，后投东魏高欢，高欢死后，率部归梁，驻守寿阳。公元548年9月，侯景举兵叛乱，攻破建康。公元551年，侯景自立为帝，国号汉，称南梁汉帝。其后，江州刺史王僧辩、扬州刺史陈霸先率军收复建康，侯景兵败，被部下杀死。降：降生。

⑥天道好还：指天理循环，报应不爽。

【译文】 伍子胥为了报父兄之仇，誓言灭楚，终于破了楚的首都郢，鞭仇人之尸。申包胥发誓保全楚国，终于获得秦军救援，使楚国不致灭亡。由此可见，人只要下定决心，没有办不成的事。秦始皇消灭东周的那一年，灭秦立汉的刘邦出生了。梁武帝灭掉南齐的那一年，后来拘禁梁武帝而致其饿死的侯景出生了。可见天理循环，报应不爽。

【评语】 伍子胥复仇，申包胥救楚，这在一般人眼中看来都是绝无可能成功的事。他们当初只是一心想去做，后来真的就成功了。可见人心的力量非常可观，能使近乎不可能的事变成可能。所以天下之事在乎人为，不在事情本身的难易。大而言之，所谓“得民心者得天下”，历史上取得天下、成就伟业的人，无不是顺应民心，得到人民的拥护。所以《孟子·离娄上》说：“得天下有道，得其民，斯得天下矣。得其民有道，得其心，斯得民矣。得其心有道，所欲与之聚之，所恶勿施尔也。”

秦始皇灭东周国时，后来推翻暴秦的汉高祖刘邦出生；梁武帝灭南齐时，后来拘禁梁武帝而致其饿死的侯景出生。这都说明天下事明来暗往，占人一分，终要还人一分。纵然能一时骄横天下，天道终会教他异日倾败。历史上多少处心积虑争霸者、不可一世骄横者、不择手段敛财者，最终都没有什么好下场。小而言之，一个人在为人处世上，得势不可骄横，见利不可忘义。受挫时不必强逆，而要以退为进；得意时不可骄横张狂，而要讲究宽容，得饶人处且饶人。否则，得意时逼人太甚，失意时他人也会以同样的方式对待你。

一五

有才必韬藏[①]，如浑金璞玉[②]，暗然而日章也[③]；为学无间断，如流水行云，日进而不已也[④]。

【注释】 ①韬藏：包藏，深藏。

②浑金璞玉：未炼的金，未炼的玉石。比喻天然美质，未加修饰。多用来形容人的品质淳朴善良。

③暗然：昏暗的样子。章：同“彰”，显著。

④已：停止。

【译文】 有才能的人必定善于敛藏，不露锋芒，就如未经提炼、琢磨的金玉一般，虽不引人注意，但日久便自然会显出它的光彩。做学问一定不可间断，要像不息的流水和飘浮的行云，永远不停地前进。

【评语】 真正有才能的人不会锋芒毕露，就如未经提炼、琢磨的金玉一般，虽不炫人耳目，但日久便知其内涵，实践便显其光华。而那些夸夸其谈、故弄玄虚、自我炫耀、自我卖弄的人，往往是一些浅薄之徒、无能之辈，未必有真才实学。所谓“整瓶水不响，半瓶水有声”，就是这个道理。虽然现实生活中，没有真才实学的人可以把自己装扮成很有才能的样子，人们也常常被那些夸夸其谈、自我炫耀的人所迷惑、唬住，但是人的才能不是靠着装扮，而需要长久学习去获得，人们可能被虚头巴脑的东西迷惑、唬住一时，却不会永远被欺骗。所以与其虚张声势、夸夸其谈自己不具有的学问，还不如多花时间、精力去学习，掌握真才实学。

学问不是一朝一夕可获得，应要像流水不息、行云不止一样，活到老，学到老，永不终止。如果三天打鱼，两天晒网，或像阳春之雪，三日而消，终究不能成大器。俗语说：“学如逆水行舟，不进则退。”哪怕天资很高的人，如果后天不去努力学习，也不会取得什么大的成就。或者取得一些成就后，不再持续学习，就会止步不前，甚至退步。

一六

积善之家，必有余庆[①]；积不善之家，必有余殃[②]；可知积善以遗子孙，其谋甚远也。贤而多财，则损其志[③]；愚而多财，则益其过[④]；可知积财以遗子孙，其害无穷也。

【注释】 ①余庆：遗留给子孙的恩泽。

②余殃：遗留给子孙的祸害。

③损：减少。志：志向。

④益：增加。过：过失。

【译文】 凡是做好事的人家，必然遗留给子孙许多的吉庆；而多行不善的人家，遗留给子孙的只是祸害。由此可知多做好事，为子孙留些福泽，才是长远的打算。贤能而有许多钱财，容易使人不求上进而耽于享乐；愚笨却有许多钱财，只是让人增加更多的过失罢了。由此可知将巨额钱财留给子孙，祸害没有穷尽。

【评语】 善有善报，恶有恶报。凡是多做善事的人家，必为许多人所感激，子孙即使遭受困难，人们也会乐意帮助他。反之，多行恶事的人家，怨恨他的人必然很多，子孙将来遭人迫害的可能性甚大，更别谈困难时有人帮助了。其实为福为害，亦有赖于教育。积善人家教导子孙以善，子孙必然多正直，发达自可预期。积恶之家教子孙以恶，子孙必多邪曲，其败亡自然也可以预知。

金钱财富本身不是罪恶，只是可能引诱人们犯罪为恶，所以关键是获取财富的途径要有道，对待财富的态度要正确。通常的情况是，贤能的人有许多金钱，容易受物质的迷惑，以致耽于逸乐，意气消沉；反之，愚昧的人有了金钱，更容易去从事非法的勾当，甚至危害大众。与其如此，倒不如钱财少一些，才没有力量犯什么大的过失。所以遗留财富给子孙，无论子孙贤与不贤，一般来说都是有害无益，倒不如多积阴德留给子孙。当然，如果能役物而不役于物，愿意运用金钱财富帮助到更多需要帮助的人，那么财富多一些也未必是坏事。

一七

每见待子弟严厉者易至成德①，姑息者多有败行②，则父兄之教育所系也③。又见有子弟聪颖者忽入下流④，庸愚者转为上达⑤，则父兄之培植所关也⑥。

【注释】 ①成德：成为有德行的人。

②姑息：纵容，无原则的宽容。败行：不好的德行。

③系：关系。

④下流：品行卑污低下。

⑤庸愚：平庸愚昧。上达：通达于仁义。出自《论语·宪问》：“君子上达，小人下达。”

⑥培植：培养，教育。

【译文】 常见对子孙严格的，子孙较易成为有才德的人；对于子孙纵容的，子孙的德性大多败坏，这完全是父兄教育的关系。又见有一些后辈原本十分聪明，却做出品行低下的事；有一些原本平庸愚鲁，却成为品行很好的人，这也是父兄栽培教养的结果。

【评语】 教育是要教导孩子好的行为，它密切关联着孩子的成长、进步、前途、命运，也关联着社会的稳定、进步和发展。实践证明，凡是对子女要求严格的，子女便容易成为有德才的人；凡是对子女过于宽容的，子女的德行大多败坏。所谓慈母多败子，说的就是这个道理。有些子女原来十分聪明，却突然变得品行低下，平庸无能；有些子女原本平庸愚鲁，却能成为品德高尚、才华出众的人。这也归功于父母的栽培教养之功。正如种树，幼株虽美，不细心加以栽培，最后树木也会长得芜杂不堪。反之，幼株虽劣，若能晨昏灌溉，小心扶持，也可以长成良材。我们现在的家庭教育普遍存在的问题，仍然是过分溺爱，舍不得孩子吃苦，在物质上无底线地满足孩子的要求，在孩子的精神成长方面却无法给予应有的关注和及时的帮助，所以哪怕子女本性优秀，也没能成长为有德才的人，更不用说那些原本资质平庸愚鲁的子女了。

一八

人品之不高，总为一“利”字看不破；学业之不进，总为一“懒”字丢不开。

【译文】 一个人品格不高，总是因为无法将一个“利”字看破；而学问不长进，总是因为改不掉懒惰的毛病。

【评语】 人们常说：“无欲则刚。”又说：“人到无求品自高。”心中有太多的欲求，横竖舍不得一个“利”字，等有利可图之时，难保不会受诱惑而丧失人格。很多在我们看来非常聪明的人，却做下了丧失品格、愚蠢无耻的事情，无他，利令智昏而已。人的学识才能总有高下之分，这是没法改变的客观事实。但一个人学业不进，常缘于他甩不掉一个“懒”字，而这是可以加以克服的。所谓“笨鸟先飞”，所谓“勤能补拙”，说的就是这个道理。

一九

德足以感人，而以有德当大权[①]，其感尤速；财足以累己，而以有财处乱世，其累尤深。

【注释】　①当：承担，担当。大权：重大的权位。

【译文】　能以道德感化他人的人，若是身居高位而又有权威，则感化他人尤其容易。财富多到足以拖累自己，倘若处于乱世，则钱财的拖累就更严重了。

【评语】　人们奖掖道德，也倍加敬仰道德高尚、德高望重的人。所以有德而又能居于权威位置的人，影响的范围大了，可以向社会施加道德的影响，自然就更容易感化他人了。当然，对不居高位的有道德的人，通过大力的宣扬，也会引起巨大的反响，促进社会风气的转变。

钱财若不能正确对待，非但不能为持有者带来吉祥，反而会导致祸害。如果是身处乱世，没有法律的保障，其导致祸害的可能性越大，祸害的程度也更深。

二〇

读书无论资性高低，但能勤学好问，凡事思一个所以然，自有义理贯通之日；立身不嫌家世贫贱，但能忠厚老成，所行无一毫苟且处[①]，便为乡党仰望之人[②]。

【注释】 ①苟且：不循礼法。

②乡党：按照周礼规定，五百家为党，一万二千五百家为乡，合而称乡党。泛指乡里。仰望：表示敬慕或期待。

【译文】 读书不论天赋资质高低，只要能够勤奋学习，遇有疑难乐于请教，任何事情都想个透彻，终将有一天能够通晓书中的道理。在社会上立身处世，不怕自己出身贫寒低贱，只要为人忠诚敦厚，做事踏实稳重，所作所为没有一丝违背道义之处，便足以成为家乡父老所敬慕、倚重的人。

【评语】 不论天赋的资质如何，读书求学，一定要做到勤奋、好问、善思，才可能有所收获。首先，“书山有路勤为径，学海无涯苦作舟”，不辞劳苦地勤奋学习，是一个人进步的有效途径，也是一个人获得成功的必要条件。懒汉是做不成任何事情的。其次，“做学问要在不疑处有疑”，遇到疑难处，更要不耻下问，转益多师。孔子就曾向苌弘问音乐，向老聃问礼。再次，“学而不思则罔，思而不学则殆”，只有把学与思结合起来，多多思考，才会释疑解难，增长学识，终有一天能够把所读过的书融会贯通而运用自如了。

一个人不能自由选择自己的家庭出身，或富贵优裕，或贫贱穷困，或书香门第，或坐贾行商，这都是没法择从的。但一个人能选择自己的人生道路，选择做一个什么样的人，或忠实厚道，或投机取巧，或谨严行事，或举止不轨，这是可以自主的。“英雄不怕出身低”，立身处世，最重要的是信实稳重，所作所为没有一丝一毫背信弃义之处，便能得到家乡父老的赞赏和器重，成为众人效法的榜样。

二一

孔子何以恶乡愿[1]，只为他似忠似廉，无非假面孔；孔子何以弃鄙夫[2]，只因他患得患失[3]，尽是俗心肠。

【注释】 ①恶：厌恶，讨厌。乡愿：指乡中貌似谨厚，而实与流俗合污的伪善者。

②鄙夫：庸俗浅陋的人。

③患得患失：担心得不到，得到了又担心失掉。形容对个人得失看得很重。后引申为一味担心得失，斤斤计较个人的利害。

【译文】 孔子为什么厌恶“乡愿”呢？因为乡愿表面看起来忠厚廉洁，其实不过是用虚伪矫饰的面孔示人。孔子为什么厌弃“鄙夫”呢？因为鄙夫把个人得失看得很重，是斤斤计较个人利益的俗物。

【评语】 “乡愿”就是我们今日所说的“伪君子”。“乡愿”之可厌，乃在于其虚伪不实，表面上看来忠厚廉洁，实际上却不忠不廉，给人一副假面孔。笑里藏刀，口蜜腹剑，上头一脸笑，脚下使绊子，这样的伪君子比那些明火执仗的真小人更加令人厌憎。伪君子具有极大的欺骗性，因而给人造成的伤害很大，所以孔子斥其为“德之贼也”。

“鄙夫”乃是指不明礼义，视个人利害为大的人。这种人在任何时候、任何场合，都只顾自己的利益，患得患失，唯利是图。为了一己之私利，这种人不顾万世之公利，甚至不惜违背道义，破坏公平，所以孔子斥其为“昧德之夫”。

二二

打算精明[1]，自谓得计，然败祖父之家声者[2]，必此人也；朴实浑厚，初无甚奇，然培子孙之元气者[3]，必此人也。

【注释】　①打算：精打细算。

②家声：家庭的名声。

③元气：指人的精神，精气。

【译文】　凡事都斤斤计较，毫不吃亏的人，自以为得计，但是败坏祖宗门风的，必定是这种人。诚实俭朴而又敦厚笃实的人，起先虽不见有什么突出的表现，但使子孙能有一种纯厚之气、历久不衰的，必定是这种人。

【评语】　凡事精打细算，拼命占便宜的人，自以为很聪明，然而，辱没祖宗的功德，败坏祖宗名声的，必定是这种人。为什么这么说呢？《管子·霸言》说："明大数者得人，审小计者失人。"识大体、顾大局的人往往得人心，而计较小利、狭隘自私的人往往失去人心。那些通过算计别人获取一些小利的人，多半要尔虞我诈一番去争利，他的得基于别人的失，他的幸福建立在别人的痛苦之上。这种人虽然满足了一时私欲，但败坏名节，玷污祖宗，可谓因小失大。

那些诚实质朴而淳厚笃实的人，起初虽然看不出他有什么奇特的作为和表现，然而，能够培植子孙纯厚品性、使家道兴旺不衰的，必定是这种人。为什么这么说呢？因为这种人勤俭踏实，忠诚可靠，给后代子孙做出了好的表率，也值得别人信赖，别人乐意帮助他、成就他。诚实、朴实、求实、踏实、笃实等品质，可以说是支撑人生的淳厚元气，也是立家、创业、兴世的纯厚元气。一个人有了这种元气，就能在困难挫折前显出勇气和坚毅，就会在创业进程中得道多助，开创辉煌。一个家庭、一个团体，乃至一个民族、一个国家，有了这种纯厚的元气，也就有了进步、发展的基础和动力。

二三

心能辨是非，处事方能决断[1]；人不忘廉耻，立身自不卑污[2]。

【注释】 ①决断：做决定，拿主意。

②卑污：卑鄙肮脏。

【译文】 心中能辨别什么是对，什么是错，处理事情就能果断拿定主意；人能不忘廉耻之心，为人处世就不会做出卑鄙肮脏的事情。

【评语】 人们处理事情，需要明辨是非曲直、鉴别善恶优劣、明察正误利弊，把握事物的本质和规律，才能选择正确的方法，果断地处理各种矛盾和问题。而辨是非、别善恶、察利弊，这些都决定于我们的心。有些事的是非对错并不明显，尤其需要仔细判别，以免做下错事。现实生活中，许多人有心把事情办好，可由于是非不清、善恶不辨，最后“好心办成了坏事”。有的人处事迟钝，优柔寡断，成事不足，败事有余，根子也在于不明事理，被纷繁的表面现象所迷惑。还有的人处事倒是果敢，但没有见识，是非颠倒，因而也造成无谓的损失。

“廉”是不取不该取之物，“耻”是对不当的行为有惭愧改过的心。做人要有廉耻之心，有了廉耻之心，就会时刻注意自己的言行是否符合道义，也就不至于做出卑鄙肮脏、逾越底线的事情了。做官尤其需要清廉，包拯说：“廉者民之表也，贪者民之贼也。”一个廉洁奉公的官吏，可以成为人民的表率，而一个贪赃枉法的官吏，只会给人民带来祸害。更进一步说，一个社会、一个国家如果丧失了廉耻，那么也就离覆灭不远了。

二四

忠有愚忠[①]，孝有愚孝[②]，可知“忠孝”二字，不是伶俐人做得来[③]；仁有假仁，义有假义，可知仁义两途[④]，不无奸险人藏其内。

【注释】 ①愚忠：忠心到旁人看来是傻子的地步。

②愚孝：旁人看来十分愚昧的孝行。

③伶俐：灵活、聪明。

④两途：两种道路，两种途径。

【译文】 有一种忠心被人视为愚行，就是“愚忠”，也有一种孝行被人视为愚行，那是“愚孝”，由此可知，“忠”“孝”两个字，太过聪明的人是做不到的。同样地，仁有虚伪的“假仁”，义有虚伪的“假义”，由此可知，“仁义”在不同人的心中有截然相反的定义，一般人所说的仁义之士中，不见得没有奸险狡诈的人。

【评语】 忠和孝是儒家所提倡的伦理规范，按照儒家的说法，它们出于人的至诚和天性，是一种至诚至善、无怨无悔的感情，没有多少道理可讲，也没法去计较。一些忠孝的言行到了至诚至情处，在旁人看来也许是愚昧的，不可理喻的，甚至是矫揉造作的。然而在忠实遵行忠孝之道的人的心目中，忠孝本该如此，无所谓愚昧和聪明之分，也无所谓矫饰和真诚之分。“忠”字之下带“心”，“孝”字是“子”承“老”

下，这两个字，又岂是太过聪明、工于算计的人所能做到的？

仁和义也是儒家所提倡的伦理规范，二人为仁，仁指人和人之间相互亲爱，义从羊从我，指为自己的信仰敢于牺牲。儒家倡导杀身成仁，舍生取义，把仁义视为高于生命的一种道德律令。历代多少仁人志士为了自己的信仰，为了众生的福祉，不惜捐躯赴难，青史留名。但现实生活中，也不乏内心充满私欲的人，为了贪图仁义的美名，用仁义做幌子，骗取他人的信任与尊敬。他们面目和善，内心歹毒，所言至诚，所行狡诈，满口仁义道德，一肚子男盗女娼。这样的假仁假义之徒，需要我们仔细辨别，加以鞭挞。

二五

权势之徒①，虽至亲亦作威福②，岂知烟云过眼③，已立见其消亡；奸邪之辈，即平地亦起风波④，岂知神鬼有灵，不肯听其颠倒⑤。

【注释】 ①权势之徒：有权力威势可倚仗的人。

②威福：原指统治者的赏罚之权，后多指妄自尊大，恃势弄权。语出《书·洪范》：“惟辟作福，惟辟作威。”

③烟云过眼：比喻极快消失的事物。

④风波：纷扰，争端。

⑤听：任凭，随。颠倒：上下移位，本末倒置。

【译文】 有权有势的人，虽然在至亲好友的面前，也要卖弄他的权势，妄自尊大，哪里知道权势是不长久的，转瞬之间烟散云消。奸险邪恶的人，即使在太平无事的日子里，也会为非作歹，造出许多纷扰，哪里晓得天地间鬼神有灵，怎么会任凭他颠倒是非？

【评语】 权势是一柄双刃剑，君子得之且善于运用的话，必然会造福社会，小人则不然。小人一旦得到权势，就会作威作福，千方百计谋求私利，因而露出种种丑态。即便面对自己的至亲，得势小人要么颐指气使，要么施小惠而辱其人格，借以显示自己的权势，全然不顾亲亲之道。这也是人之常情。不过小人所把持的权势通常不长久，一旦权势旁落，连最亲近的人都要唾弃他了。

奸恶邪曲的人，不但在乱世乘势作乱，坏事做绝，天良丧尽，就算在清明太平的日子里，也会无端地做危害他人的事。他哪里知道“举头三尺有神明”“多行不义必自毙”，到头来终会受到上天的惩罚。不过，对奸险邪恶的人，不仅要给以道义上的指控和舆论上的谴责，主要还是要依靠法律的威严，加大法治的力度，让不法之徒难逃法网。

二六

自家富贵，不着意里①，人家富贵，不着眼里②，此是何等胸襟③；古人忠孝，不离心头，今人忠孝，不离口头，此是何等志量④。

【注释】 ①不着意里：不放在心上。这里指不自我炫耀。

②不着眼里：没放在眼里。这里指不看着眼热。

③胸襟：胸怀和气度。

④志量：志气和度量。

【译文】 自身富贵显达了，并不将它放在心上，刻意去炫耀，别人富贵显达了，也不看着眼热，而生嫉妒羡慕的心，这是何等的胸怀和气度！古人的忠孝事迹，内心不敢忘记，并敬慕而仿效践行，今人的忠孝事迹，能加以称道宣扬，这又是何等的抱负和度量！

【评语】　富贵如浮云，它是外在的，也是不足依恃的。能明白这一点的人，自己富贵时，并不觉得自己就比别人高贵多少，看到别人富贵而自己贫穷时，也不会产生嫉妒或羡慕的心，更不会有吃不着葡萄就说葡萄酸的心理。能达到这种境界的人，早已不为富贵所迷惑。现实生活中很多人不能看破富贵关，被富贵牵着鼻子走，为了谋取富贵，做出许多昧心害理的事，又见不得别人比自己富贵，眼红他人财物，不惜铤而走险。富贵如石崇，最后招致杀身之祸，富贵如贾家，最后仍然“忽喇喇似大厦倾”，可见富贵并不值得我们为之苦苦谋求。

我们历来就有忠孝传家、忠孝传世的优良传统，所以苏武牧羊、岳母刺字、子路负米、王祥卧冰等忠孝故事才能流传至今。古人的这些忠孝事迹，时时放在心上，反求诸己，努力践行。今人所做的忠孝行为，自己可能一时做不到，也不妨碍自己对之赞不绝口，并向人宣扬，这样至少可以达到移风易俗的效果。拥有这样心态的人，值得我们效法推崇。

二七

王者不令人放生①，而无故却不杀生，则物命可惜也②；圣人不责人无过③，唯多方诱之改过，庶人心可回也④。

【注释】　①王者：君王。

②物命：万物的生命。

③责：责令，要求。

④庶：庶几；差不多。

【译文】 为人君王的，虽然不至于下令叫人多多放生，但也不会无缘无故地滥杀生灵，因为万物的性命都值得爱惜。圣人不会要求人一定不犯错，只是用各种方法引导众人改正错误的行为，因为这样才能使众人的心由恶转善，改邪归正。

【评语】 儒家推崇仁政，并主张推仁及于万物，所以宋儒要说“民胞物与”。因此做君主的，虽然不便下令要人民多放生，但是自身绝不无故杀生，一方面是以身作则，另一方面也是爱惜物命，体现仁慈之心。历史上的一些君主，以杀生为乐，视生命为儿戏，使人民的生命毫无保障，从而激起人民的反抗。另外一些明智的君主，则以民为本，关心百姓疾苦，体察民情，不滥杀，不重刑，因而能够得到百姓的拥护。

圣人并不苛求责备，要求人不犯错。因为圣人明白，“人非圣贤，孰能无过”，哪怕是圣人、贤人，也难保不犯错误。若是犯了小错也不原谅，反而阻止了人们改过向上。圣人只是告诫人们：“过而能改，善莫大焉。过而不改，是谓过矣。”并提出许许多多改过的具体方法，如知过、思过、补过、喜闻过等。在圣人的循循善诱之下，众人才能回心改过，走向正道。

二八

大丈夫处事[①]，论是非，不论祸福；士君子立言[②]，贵平正[③]，尤贵精详[④]。

【注释】 ①大丈夫：有志气的男子。

②士君子：读书人，知识分子。立言：树立精要可传的言论。语出《左传·襄公二十四年》：“太上有立德，其次有立功，其次有立言。虽久不废，此之谓不朽。”

③平正：持论平正。

④精详：精要详尽。

【译文】 有志气的人在处理事情时，只问如何做是对的，并不考虑这样做为自己带来的究竟是福还是祸。读书人在写文章或是著书立说的时候，重要的是立论公平公正，若能精要详尽，那就更可贵了。

【评语】 一个有气节的人，在处理任何事情时，只论是非对错，而不会纠结于给自己带来的是福还是祸。尤其是在大是大非的问题上，更要如此。因为一旦考虑自身的祸福，就有因私废公、丧失辨别是非能力的危险。古往今来，许多仁人志士为真理而斗争，如文天祥的“人生自古谁无死，留取丹心照汗青”，林则徐的“苟利国家生死以，岂因祸福避趋之”，谭嗣同的“我自横刀向天笑，去留肝胆两昆仑”。他们有的取得了胜利，有的因此献出宝贵的生命，他们的事迹和精神永远激励着后人。但也有像袁世凯、汪精卫这样的人物，原本可以留名青史，却在大是大非的问题上被自己的私欲蒙蔽了眼睛，一失足成千古恨，成为警醒后人的反面教材。

读书人著书立说，贵在立论公允客观，不可偏私武断。若是观点有所偏差，岂不是误导了读者？非但无益，反而有害。曹丕认为文章是“经国之大业，不朽之盛事”，所以撰写文章，一定要客观公正，谨慎下笔，否则，率尔操觚，误人子弟，还不如不写。在这个基础上，再求精要详细，言无不尽，这样的文章才是有益的。

二九

存科名之心者[①]，未必有琴书之乐[②]；讲性命之学者[③]，不可无经济之才[④]。

【注释】 ①科名：科举功名。

②琴书之乐：指调琴、读书的闲情雅趣。

③性命之学：讲求生命形而上境界的学问。

④经济：经世济民。

【译文】 存着追求功名利禄之心的人，无法享受调琴、读书等日常生活中的闲情雅趣；讲求生命形而上境界的学者，不能没有经世济民的才学。

【评语】 一个人如果一心想考科举、取功名，追求荣华富贵，其身心必定会被功名利禄所奴役。这样的人，又如何有心情慢慢欣赏一首曲子、细细品读一本书呢？《庄子·徐无鬼》说："钱财不积则贪者忧，权势不尤则夸者悲。"一门心思追求功名利禄的人，对于功名利禄的追求是没有止境的，有了钱财，仍旧会因为没有更多的钱财而忧愁，有了权势，仍旧会因为没有更高的地位而发愁。所以要获得人生乐趣，就应该斩断功名利禄的执念，无论得志不得志，皆恬然处之，做到孟子所说的"穷不失义，达不离道"，就能真正享受清闲之乐。

那些追求生命更高境界的人，言心性，谈玄理，说空寂，这无疑也是很有意义的。但这些形而上的理论并不意味着对形而下的排斥，事实上，道器不二，理论要落到实践，指导实践，穿衣吃饭便是道，生命的境界要落实在人间的日常中去开拓。所以儒家强调内圣外王，在谈论心性的同时，也讲治国平天下。真正追求生命境界的人，一定要立足"人间"，要有经世济民的情怀和才干，努力将所学用于社会，造福人类。否则，一切的奥道妙理，都是自娱自乐的玩意儿。

三〇

泼妇之啼哭怒骂，伎俩要亦无多[①]，唯静而镇之，则自止矣。谗人之簸弄挑唆[②]，情形虽若甚迫，苟淡而置之[③]，是自消矣。

【注释】 ①伎俩：把戏、花样。

②谗人：喜欢用言语毁谤他人的小人。簸弄挑唆：搬弄是非，挑拨离间。

③苟：如果。

【译文】 蛮横而不讲理的妇人，任她哭闹、恶口骂人，也不过那些花样，只要静下心来，不去理会，她自觉没趣，自然会终止吵闹。小人搬弄是非，颠倒黑白，看上去咄咄逼人，让人窘迫不堪，如果能淡然处之，不放在心上，那些毁谤的言语自然会消失。

【评语】 生活中我们常会遇到一些不可理喻的人，像泼妇一样，只会哭喊吵闹，无理也要争三分。对付这样的人，只要明白他的能耐也就这些，沉着冷静，不去理他，他自讨没趣便会闭嘴了。如果你去和他较真争执，一来正中其下怀，他会更来劲，二来也把自己降到和他同样的水平，让自己陷于被动的境地。

至于那些搬弄是非的小人，更加令人讨厌。他们专逞口舌，捕风捉影，中伤别人，常常使人百口莫辩。对付这样的人，最好的法子也是不予理睬，淡化处理。所谓“清者自清，浊者自浊”，“身正不怕影子斜”，只要自己不做亏心事，行得端，走得正，那些中伤的言语就无损于你，时间久了，众人自会明白“说人是非者，即是是非人”的道理，小人的伎俩也就无从施展了。

三一

肯救人坑坎中①，便是活菩萨②；能脱身牢笼外③，便是大英雄。

【注释】 ①坑坎：形容地面高低不平。这里比喻艰难困苦的处境。

②菩萨：指自觉本性，又能救渡众生于苦难的人。

③牢笼：关禽兽的笼槛。比喻束缚人的事物。

【译文】 肯费心费力去救助陷于苦难中的人，便如同菩萨再世。能不受社会人情束缚，超然于俗务之外的人，便足以称之为大英雄。

【评语】 “菩萨”是梵语“菩提萨埵”（Bodhisattva）的音译和简化，意为“觉有情”，包括自觉和觉他两层意思。依佛教的讲法，菩萨除了求自身的了悟之外，更重要的是一种救渡众生于苦难的心行，所谓“愿代众生受一切苦”“我不入地狱，谁入地狱”“地狱不空，誓不成佛”，都是一种普度众生的胸怀。此处的菩萨侧重于“觉他”这层意思，此处的坑坎不仅指物质上的困窘，更侧重于指精神上的困境。人生在世，都免不了物质上有捉襟见肘的时候，精神上有迷茫困惑的时候，此时此刻，有人扶助救济你，指点启发你，为你解除内心的忧疑，以及外在的困乏，那么这人便可以说是活生生的菩萨了。

人是一切社会关系的总和，所以人处于各种各样“关系”的牢笼之中，譬如权势名利的诱惑、传统思想的包袱、世俗人情的顾虑，乃至于自己的成见和偏见，都会将一个人重重地缠缚禁锢。一个人若能抵制权势名利的诱惑，冲破传统思想的束缚，不受制于世俗人情，不被成见偏见所困，那就说明他有极大的智慧和勇气。这样的人可以称为大英雄。从更大的方面讲，人的身体受制于一定的时空，绝对不可能像孙悟空那样，“跳出三界外，不在五行中”。一个人若能从精神上超脱一切自然和社会的限制，泯灭物我的对立，忘记一切，直到忘记自己，达到庄子所说的逍遥游境界，这样的人就是庄子理想中的圣人。

三二

气性乖张[①]，多是夭亡之子[②]；语言深刻[③]，终为薄福之人。

【注释】 ①气性：脾气性情。乖张：性情乖僻或执拗暴躁，和众人不同。

②夭亡：短命早死。

③深刻：尖酸刻薄。

【译文】 脾气性情怪僻或是执拗的人，多半是短命之人。讲话总是过于尖酸刻薄的人，可以断定是没有什么福分的人。

【评语】 脾气怪僻、执拗，或是横暴的人，不但容易得罪人，招致灾祸，也容易引发心理疾病，伤害自己，因此往往享年不久。现实生活中造成这种人格的因素极多，就个人来说，自然要修养身心，尽量避免形成这种有缺陷的人格，就社会而言，需要对这类人给予一定的宽容，并及时进行心理疏导，帮助他纠正过来。

讲话过于尖酸刻薄的人，从外在的一面来说，容易得罪人，招致别人的怨恨。从内在的一面来说，这种人未必就是坏心眼，但一般来说小心眼，敏感多虑，在小事上斤斤计较，把自己搞得很累。《红楼梦》里的林妹妹就是典型的讲话尖酸刻薄的人，这样的人很难说会有福气。所以为人处世还是要大气、豁达、谦和、厚道，这样才能得到别人的尊重和帮助，自己也心地光明，胸怀坦荡，不至于成为短命薄福之人。

三三

志不可不高，志不高，则同流合污[①]，无足有为矣；心不可太大，心太大，则舍近图远[②]，难期有成矣[③]。

【注释】 ①同流合污：思想、言行与恶劣的风气、污浊的世道相合。多指跟着坏人一起做坏事。出自《孟子·尽心下》：“同乎流俗，合乎污世。”

②舍近图远：舍弃近在眼前的，追求远在天边的。形容做事走弯路。

③期：期望。

【译文】 一个人的志向不能不高远，志向不高远，就容易与恶劣的风气、污浊的世道相合，不可能有什么大的作为。一个人的野心不可太大，野心太大，便会舍弃切近可行的事情，而去追逐不可达到的目标，也很难指望有什么成就。

【评语】 古人说：“志当存高远。”又说：“有志者，事竟成。”这都说明了志的重要性。所谓“志”，即志向，就是人们在某一方面决心有所作为的努力方向。有了高远的志向，才有为之奋斗的目标和方向，处于顺境自然奋勇直进，即使遇到困难也不会畏惧退缩。反之，如果没有高远的志向，置身于顺境，也许还不至于一事无成，一旦处于恶劣的环境，很容易就随波逐流，与世浮沉，终归成就不了什么事业。

一个人志向应该高远，但野心不可太大。野心太大，容易好高骛远，将目标沦为不切实际的幻想。所谓“野心”，就是对事物的巨大而非分的欲望。人心是永远不能满足的，每个人在有限的生命周期内所能完成的事十分有限，一旦超过自己的能力所及，便可能到老一无所成。毕竟，登高必自卑，倒不如量力而行，脚踏实地，一步一步朝着自己的目标前进，反而能够实现理想。另外，为了实现自己的非分欲望，人们往往不惜出卖自己的良知，这样即便实现了野心，也必定为人所鄙弃。

三四

贫贱非辱，贫贱而谄求于人者为辱①；富贵非荣，富贵而利济于世者为荣②。

【注释】 ①谄：奉承，献媚。

②利济：救济，泛指有益于事。

【译文】 贫穷与地位低下并不是可耻的事，因贫穷低下而去谄媚奉承别人，以求得施舍，那才叫可耻。富贵也不是原本光荣的事，富贵而能够有益于人，有利于世，那才是光荣。谈论经世治国之道，只是实事求是，落到实处；真正有学问的人，决不会高谈一些怪诞不经的言论。

【评语】 贫贱不是什么可耻的事，那些因为贫贱而改变心志、放弃操守、甘于下流的人才可耻，因为他们被贫贱打败了。面对贫贱，我们可以选择安贫乐道，或者奋发图强，决不能选择甘于沉沦。古人常说“寒门出贵子”，贫贱的处境其实很能锻炼人的意志，磨练人的才干，关键是要坚守人格，禁得起贫贱的磨砺。富贵也不是什么光荣的事，那些能用财富权位救助苦难、广施博济、造福社会的人才光荣，因为他们是财富权位的主人。面对富贵，我们很少有人不迷恋其中的，一旦成为它的俘虏，就会导致奢侈淫靡、为富不仁、贪赃枉法乃至败身亡家的结局。到了这个时候，富贵就是灾祸的源头，哪里值得夸耀呢？说到底，贫贱富贵都是外在的东西，我们如果能做到孟子所说的“富贵不能淫，贫贱不能移”，那么身处贫贱不能减损什么，身处富贵也不会增加什么。

三五

讲大经纶[①]，只是实实落落；有真学问，决不怪怪奇奇。

【注释】　①经纶：整理丝缕、理出丝绪为经，编丝成绳为纶。引申为筹划治理国家大事。

【译文】　谈论经世治国之道，只是实事求是，落到实处；真正有学问，决不会高谈一些怪诞不经的言论。

【评语】　经世济民的学问，不同于奇思幻想的文章，务必要求深切时弊，切实可行，否则即使夸得天花乱坠，却空洞无物，不切实际，那也会于事无补的。而真正有学问的人，绝不哗众取宠，去谈一些光怪陆离、虚无缥缈的事，他考虑的是如何用自己的学问服务社会、造福人类。只有那些一知半解、沽名钓誉的人，才会用那些不着边际的论调掩饰无知，冒充博学。

三六

古人比父子为桥梓[①]，比兄弟为花萼[②]，比朋友为芝兰[③]，敦伦者[④]，当即物穷理也[⑤]；今人称诸生曰秀才[⑥]，称贡生曰明经[⑦]，称举人曰孝廉[⑧]，为士者，当顾名思义也[⑨]。

【注释】 ①桥梓：又作“乔梓”，乔，即乔木，长得高大挺拔，主干直立，分枝繁盛。梓，一种枝干相对矮小而轻软的落叶乔木。用来比喻父子关系。典出《尚书·大传·梓材》：“南山之阳有木焉，名乔。……乔者，父道也；南山之阴有木焉，名梓。……梓者，子道也。”

②花萼：花、萼同出一枝，相依而生，后用以比喻兄弟相亲。

③芝兰：香草名，后用来比喻朋友，意谓朋友之间互相熏陶，相互学习各自的优点和长处。

④敦伦：谓敦睦人伦，使人伦关系和睦。

⑤即物穷理：程朱理学的主要范畴之一。谓依据具体的事物而穷究其理。

⑥诸生：明清时期经考试录取而进入府、州、县各级学校学习的生员，有增生、附生、廪生、例生等名目，统称诸生。秀才：原指才能优秀。汉代举士，设秀才科名。隋唐科举，又设秀才科，及第者称秀才。宋代为士子和应举者统称秀才。明清时期，秀才专用以称府、州、县学生员。

⑦贡生：科举时代，挑选府、州、县生员中成绩优秀或资格优

异的，送入国子监继续学习，称为贡生。明经：科举取士的科目之一，汉代察举设明经、射策两科，隋科举设明经、进士两科，唐因隋制，增秀才、明法、明算、明字为六科，宋代以经义论策试进士，明经始废。明清时期，明经成为对贡生的敬称。

⑧举人：汉以察举取士，被荐举者称为举人。唐、宋时称可以应进士考试的人为举人。至明、清时，则称乡试中试的人为举人。孝廉：汉代选拔官吏的科目名，孝指孝子，廉指廉洁之士。明清时称举人为孝廉。

⑨顾名思义：看到名称就联想到含义。

【译文】 古人把父子比喻为乔木和梓木，把兄弟比喻为花与萼，把朋友比喻为芝兰香草，有心敦睦人伦的人，应当由天下万物之理推见世间人伦之理。今人称诸生为秀才，称荐入太学的人为明经，称举人为孝廉，读书人应看到这类称呼，就能明白其中所包含的内涵。

【评语】 乔梓、花萼、芝兰，都是自然界的生物，天地万物，其生长都有一定的次序，依序顺行不悖，天地才有一股祥和之气，人伦亦复如此。乔木高高在上而梓木低伏在下，正像子对父应敬事孝顺；花与萼同根而生，相互依存，可以想见兄弟的相亲相爱与相互扶持；芝兰的香气幽远，可见与有德的人交朋友，可受其感化，使自己也成为有德之人。

称读书人为“秀才”，是要读书人能学有所成，成为一个“苗而秀”的人，而非“苗而不秀”。称贡生为“明经”，是要求能够明白经书中的道理，付诸实行，若不能如此，何足以为“贡生”？称举人为“孝廉”，是要求举人应当具有孝顺清廉的德行。这些名称都非泛泛之称，而是有着具体而特定的内涵。读书人应当循名而求实，不能沽名钓誉，否则岂不辱没了读书人这个身份？

三七

父兄有善行，子弟学之或不肖[1]；父兄有恶行，子弟学之则无不肖。可知父兄教子弟，必正其身以率之[2]，无庸徒事言词也[3]。君子有过行，小人嫉之不能容[4]；君子无过行，小人嫉之亦不能容。可知君子处小人，必平其气以待之，不可稍形激切也[5]。

【注释】 ①不肖：不相似。

②率：表率。

③无庸：不需要。徒事言词：仅仅使用言辞。

④嫉：嫉妒。容：容纳，容忍。

⑤激切：激烈直率。

【译文】 父辈、兄长有好的行为，子弟们可能学不像、比不上；父辈、兄长有不好的行为，子弟们倒是一学就会，没有不像的。由此可知，父辈、兄长教育子弟们，一定要先端正自己的行为，以身作则，不能只在言词上下功夫。君子行为稍有偏失，那些小人由于嫉妒而不能容忍；君子即使不犯过失，小人仍是嫉妒，也不见得能容忍。由此可知，君子与小人相处，一定要平心静气对待他们，不可有任何过于激烈切直的言行。

【评语】 学好难，而学坏却很容易。我们常常看到这样的情形：父兄有善行，子弟仍有学得不像的，父兄有恶行，子弟却没有不学得很像的。所以教育子弟，贵在身教，要以身作则去引导他们。“上梁不正下梁歪”，如果做父兄的满嘴仁义道德，实际行为却龌龊不堪，子弟怎么可能品行高尚呢？

处君子容易，处小人却很难。因为“君子坦荡荡，小人长戚戚”，君子有度量，而小人没什么雅量。小人往往见不得别人比自己好，所以君子没有任何过失，小人也会心生嫉妒，不能容忍。小人巴不得别人和自己一样坏，所以一旦君子有了一些小过失，小人就会添油加醋，夸大其实，诽谤攻击。对待这类小人，君子首先要注意自己的言行举止，不给小人以可乘之机，同时注意不可过于严厉地责备小人，以免他恼羞成怒。

三八

守身不敢妄为，恐贻羞于父母①；创业还须深虑，恐贻害于子孙。

【注释】 ①贻羞：使蒙受羞辱。贻，遗留。

【译文】 洁身自爱而不敢胡作非为，是怕自己的不良行为会使父母蒙羞。创业之时要深思熟虑，以免将来危害到子孙。

【评语】 《孝经·开宗明义》说：“身体发肤，受之父母，不敢毁伤，孝之始也。”身为人子，如果损伤了自己的“身体发肤”，是不孝。如果守身不谨，恣意妄为，为非作歹，自己没有好的名声，也让父母蒙受了羞辱，这是更大的不孝。

对于重视家庭伦理的每一位中国人来说，上承祖宗、下启后昆是他的职责所在。所以在开创家业时，尤其要考虑是否会危及自己的子孙。如果巧取豪夺，通过不正当手段为自己及子孙积累下家业，迟早会败光，并且祸害子孙，所谓“悖而入者，亦悖而出”。所以古人重视为子孙多积阴德，而不是把金银财物留给子孙。

三九

无论作何等人，总不可有势利气[①]；无论习何等业，总不可有粗浮心。

【注释】 ①势利：以财产、地位分别对待人的恶劣作风。

【译文】 不论做哪一种人，总不可有嫌贫爱富、以财势度人的恶劣习气。不论从事哪一种工作，总不可有粗率浮躁的心思。

【评语】 人生而平等，只有阶层、贫富、职位高低之别，人格没有高低贵贱的分别。无论处于什么阶层，是富是贫，从事何种工作，都不能以势利之心待人。因为人的价值并不取决于其外在的地位和财富，而在于其内在的品格。

无论从事什么工作，一定要脚踏实地，认真仔细，不可粗心大意。很多时候我们认真努力了，事情都不见得能做成，如果马虎大意，不把它当一回事，那就绝无成功的可能。

四〇

知道自家是何等身分[①]，则不敢虚骄矣[②]；想到他日是那样下场，则可以发愤矣。

【注释】 ①身分：指出身和社会地位。这里表示一个人的能力和所处的位置。

②虚骄：浮华不实，骄傲自大。

【译文】　明白自己有什么样的能力，了解自己所处的位置，就不敢妄自尊大。想到虚度年华就会落得一个惨淡的下场，就应该振作精神，努力奋发。

【评语】　人贵有自知之明，对自己的能力和素质有清楚的认知，知道自己所处的位置，既不高估，也不贬低。这样才能不卑不亢地与人交际，恰如其分地处理事情。如果小有才能，就自以为了不得，甚至没有什么能力，也傲慢自大，这就只会让别人看笑话，对于自己的进步是毫无裨益的。

“人生不满百”，生命太短暂了，如果年轻时不肯多努力，到老来终究一无所成。想到这样的结果，我们哪有理由不奋发进取呢？毕竟生命对人来说只有一次，人的一生至少应该做到：当你回首往事时，不因虚度年华而悔恨，也不因碌碌无为而羞愧。

四一

常人突遭祸患，可决其再兴，心动于警惕也[①]；大家渐及消亡[②]，难期其复振，势成于因循也[③]。

【注释】　①警惕：保持警觉，小心戒备。

②大家：高门贵族，大户人家。

③因循：遵循旧习而无所改动。

【译文】　平常人突然遭受灾祸忧患的打击，可以断定他能够重整旗鼓，是因为突来的祸患能让他产生忧患意识，从而保持警觉，小心戒备。世家大族逐渐衰败，很难指望它能重新兴旺，是因为墨守成规的习性已经养成，已经难以改变了。

【评语】 平常人遭遇到灾祸时，如果不是那种经不起打击、一蹶不振的人，我们可以断定他会再次站起，为什么呢？因为一方面祸患的刺激使他更加努力，另一方面他在做事的时候会更加谨慎。所谓“生于忧患”，祸患反而是重生的契机。

但是，许多世家大族逐渐衰败时，就不是那么容易挽回了，这又是为什么呢？因为世家大族之所以成为世家大族，是它内部有传承下来的各种传统，为成员提供了各种行之有效的规范。但时移世易，当这些传统、规范不能应对现实时，世家大族已经很难摆脱它们的束缚了。何况“冰冻三尺，非一日之寒”，与突然的灾祸相比较，这种逐渐积累起来的危机一般难以觉察，等觉察到的时候，已经是积重难返、无力回天了。所谓“死于安乐”，耽于安逸是败亡的先兆。

四二

天地无穷期，光阴则有穷期，去一日，便少一日；富贵有定数[①]，学问则无定数，求一分，便得一分。

【注释】 ①定数：运命为天所定，不能改易。

【译文】 天地永存，无穷无尽，然而一个人的时间有限，过去一天，生命就减少一天。人的荣华富贵，乃天命注定，然而学问则不如此，用功一分，知识便增长一分。

【评语】 人的生命并不像天地那么长久无尽，因此经不起半点浪费。要知道生命过了一日，便是少一日。“一朝临镜，白发苍苍”，感受何其恐慌凄凉！“少壮不努力，老大徒伤悲”，又包含多少追悔无奈！我们千万不要蹉跎岁月或是浑噩度日，而应该抓紧时间生活，不虚度每一天。

人生的富贵与否，也许前有定数，然而那根本不重要。富贵不是每一个人都能达到的，而学问却操之在我、没有止境，多学一分，知识便增长一分。何况，富贵无常，得失难以预料，而知识学问一旦被我们掌握，就是永远属于我们自己的财富。

四三

处事有何定凭[1]，但求此心过得去；立业无论大小，总要此身做得来。

【注释】 ①定凭：确定的准则。

【译文】 做任何事，并没有确定的准则，做到问心无愧就行。创立事业，不在乎是大是小，能够应付得来就好。

【评语】 很多事，做得好或坏，并没有一定的标准，因为外在标准是可以随着环境变化而变化的。有时自己做得不错，别人却说不好，有时此时此刻被认为是好的，时移境迁，又被认为是不好的了。所以凡事但求尽其在我，何必太在乎外在的毁誉呢？人只要凭着自己的良心去做事，也就可以了。

古人说："知人者智，自知者明。"我们在决定从事哪一行业之时，一定要先正确衡量自己的性情、兴趣以及能力，是否适合于这个行业。倘若有一样不合，就不可能胜任愉快。如果是能力不够，就该充实能力；如果是兴趣不足，可以试着培养。假设这些全都做不到，还是试着换个行业比较好，不要让自己钻在牛角尖里。

四四

气性不和平[①]，则文章事功[②]，俱无足取；语言多矫饰[③]，则人品心术[④]，尽属可疑。

【注释】 ①气性：气质性情。和平：心平气和。

②文章：指著述立言。事功：指事业功绩。

③矫饰：伪装造作以为掩饰。

④心术：居心，存心。

【译文】 一个人不能平心静气地待人处世，那么他在学问、事业上都不可能有什么值得效法之处。一个人言语虚伪不实，那么他的人品和居心也都令人怀疑。

【评语】 我们常说："文如其人。"一个人的脾气性情如果不平和，言论尖酸刻薄，或是浅陋粗鄙，他的文章一定没有什么可读性，也难以取得事业上的成功。气性平和，根本在于不怀隐私杂念，无欲无求，心思明净，甘于淡泊，不被荣辱得失、是非利害所困扰、所蒙蔽。

我们常说："言为心声。"从人的言谈中，我们可以发现和体味其思想和气志。一个信口雌黄、假话连篇的人，要说他的人品高、心术好，那是不可信的。心存浩然正气、行为堂堂正正的人，其言必笃实真切。心怀叵测、行为诡诈的人，其言必伪饰狡诈。人们应该听话听音，察言观色。

四五

误用聪明，何若一生守拙[①]；滥交朋友[②]，不如终日读书。

【注释】 ①守拙：即以拙自安，不以巧伪与人周旋。

②滥交：毫无选择，随意交友。

【译文】 把聪明用错了地方，不如一辈子谨守愚拙。随便交朋友，倒不如整天闭门读书。

【评语】 聪明的人如果心术不正，将聪明用在不正当之处，不仅使自己遭到祸害，也会祸害众人，“聪明反被聪明误”。这样的话，还不如朴拙老实的人，默默苦干，坚忍不拔，不投机取巧，不哗众取宠，一生平平凡凡，却也踏踏实实。

古人说：“独学无友，则孤陋而寡闻。”可见朋友对于我们增长见闻很重要。然而，如果所交的只是酒肉朋友，那么和这些人交往，还不如关起门来读一本好书。一本好书就是益友，同样可以陶冶我们的情操，增长我们的见识。

四六

看书须放开眼孔[①]，做人要立定脚跟[②]。

【注释】 ①放开眼孔：比喻放开眼界、心胸。

②脚跟：人脚的后部，引申指根基、根底。

【译文】 看书必须要打开眼界，开阔心胸。做人必须要站稳自己的立场，不随波逐流。

【评语】　一个人如果不能开阔心胸，捐弃成见，那么读任何书都无法得到益处。因为他见识狭窄，容不下任何和自己相左的意见。他去阅读，并不是要从书本中吸取新的知识，而只是想从书本中找出与自己观点一致的内容，来印证自己的正确，又怎么会有所进益呢？“放开眼孔”，不仅是放开“肉眼”，去辨别一本书的好坏，最重要的是放开“心眼”，去与一本书做心灵的沟通。一本好书，是作者用心撰写出来的，所以读者也应该用心去阅读，才能真正理解作者的苦心孤诣之处。

做人处事，一定要有原则、有立场，不改初衷，万万不可人云亦云，做墙头草。社会生活纷繁复杂，五花八门，外在的诱惑防不胜防，人一旦动摇了自己的信念，站不稳脚跟，就容易随波逐流，被浪潮打翻。当今多少贪官因为没有“站稳脚跟”，丧失信仰，违背初衷，才知法犯法，将自己钉在耻辱的铁柱上。

四七

严近乎矜[①]，然严是正气，矜是乖气；故持身贵严，而不可矜。谦似乎谄，然谦是虚心，谄是媚心；故处世贵谦，而不可谄。

【注释】　①严：庄严。矜：自尊自大。

【译文】　庄重有时看来像是傲慢，然而庄重是正直之气，傲慢却是一种乖僻的习气，所以律己最好是庄重，而不要傲慢。谦虚有时看来像是谄媚，然而谦虚是待人有礼，不自满，谄媚却是因为有所求而讨好对方，所以处世应该谦虚，而不可谄媚。

【评语】　严肃庄重有时看起来像是傲慢，然而庄重是自重正直之气使然，傲慢却是一种自负乖僻习气使然。这就是二者的本质区别，也是君子“律己以庄重”的内涵所在。严肃庄重的人，一旦接触久了，你就会发现他“望之俨然，即之也温”，并非想象中那么拒人于千里之外。傲慢自大的人，你去接近他，可能会平白无故地受到侮辱。所以修养身心，要自重，而不要自大。

谦虚谨慎有时看来像是谄媚，然而谦虚是行由衷使、待人有礼的表现，谄媚则是别有所求、虚伪矫饰的表现。谦虚的人虚怀若谷，可以学习更多的新知，博得更多的尊重。谄媚的人，钻营奉承，汲汲求利，只能让人厌憎鄙视。“虚心”和“媚心”相比较，一为内敛，一为外求；一为精神上的求知心，一为物质上的欲求心。因此，我们待人接物不能有谄媚的心理，却不可无谦虚的态度。

四八

财不患其不得①，患财得而不能善用其财；
禄不患其不来②，患禄来而不能无愧其禄。

【注释】 ①患：忧虑。

②禄：俸禄、福气。

【译文】 不要忧虑得不到钱财，只怕得到财富后不能好好地使用。不要担忧官禄、福分不降临，而应该担心能不能无愧于心地得到它。

【评语】 “君子爱财，取之有道”，一个人只要勤勉做事，开源节流，财富是不难得到的。就怕不顾道义，通过盗窃抢劫、坑蒙拐骗、敲诈勒索等不正当手段求取财富，更怕得到了财富后，不能好好去使用它，不是当了守财奴，悭吝成性，只入不出，就是成了暴发户，花天酒地，挥金如土。这样的话，财富不是福，反而是祸了。

同样，不用忧虑有无官禄和福分。福禄本无定数，又何必太过执着？如果不由正当途径得到，或是得到了，却尽是做一些亏禄损福的事，又有什么用？倒不如求自己内心的福禄，无谄无曲便是心官，不忮不求便是心福。

四九

交朋友增体面[1]，不如交朋友益身心；教子弟求显荣[2]，不如教子弟立品行。

【注释】　①体面：面子。

②显荣：显达荣耀。

【译文】　交朋友如果是为了增加自己的面子，倒不如交一些真正对我们身心有益的朋友。教自己的孩子追求荣华富贵，倒不如教导他们树立做人应有的品格和行为。

【评语】　孔子说："益者三友，友直、友谅、友多闻。"真正的朋友，正直，宽容，见闻广，是能有益于自己身心的。朋友不是用来装点门面、借以自夸的，当今很多人广交朋友，觉得朋友多很有面子，尤其喜欢和达官贵人交往，逢人便说，借此提高自己的身份。这是非常愚蠢可笑的。因为人之相交，贵在相知，若是为了炫耀，也很难交到真正的朋友。

教育子弟，一定要着重培养子弟应有的品格和行为，而不应该灌输子弟追求富贵荣华的错误观念。"君子务本，本立而道生"，良好的品格和行为是一个人立身处世的根本，没有这个根本，哪怕衣冠楚楚，也不过是小人罢了。而一个有良好品格、行为的人，即使没有富贵荣华，仍然不失为高尚的人。

五〇

君子存心[1]，但凭忠信[2]，而妇孺皆敬之如神[3]，所以君子落得为君子[4]；小人处世，尽设机关[5]，而乡党皆避之若鬼，所以小人枉做了小人。

【注释】 ①存：存养。

②忠信：忠诚信实。

③妇孺：妇女和儿童。

④落得：乐得，甘愿去做。

⑤机关：计谋。

【译文】 君子存养其心，但求忠诚信实，妇人、小孩都像尊敬神灵那样仰望他，所以君子甘愿去做君子。小人在社会上做事，到处要弄手段心机，乡里的人都像躲避恶鬼那样鄙弃他，所以小人费尽心机，白做了小人。

【评语】 孔子说："富与贵，是人之所欲也。不以其道得之，不处也。贫与贱，是人之所恶也。不以其道避之，不去也。"这段话可以看出君子与小人的分别：君子守道，小人违道。君子做事，只是凭着忠信之道，得到大家的支持，从而把事情做成。反之，小人做事，处处费尽心思，算计他人，自私自利，谁见了他都像见了瘟疫厉鬼一般，不愿与他打交道，事情也往往做不成。由此可见，费尽心思的小人与笃守忠信的君子，所得竟有天壤之别。所以与其做小人徒劳心思，不如为君子朴实又受人器重。

五一

求个良心管我[①]，留些余地处人[②]。

【注释】　①良心：天生的良善之心。

②余地：余裕，宽裕之处。“留余地”亦即让人。

【译文】　祈求有一颗天生良善的心管束自己，让自己不为非作歹。留一些退路给别人，让别人也有容身之处。

【评语】　人生在世，应该本着自己的良心，不做亏心事。这个良心，就是道德意识。现实生活中，我们常常受到各种引诱，只要我们保有道德意识，约束自我，就不至于在巨大的诱惑面前决堤。

任何人都有做错事的时候，只要不是十恶不赦之徒，只要他能改过，总是可以原谅的，没有必要把他逼得走投无路。所谓“穷寇莫追”，很多时候能为人留条后路，其实也是给自己留了后路。否则兔子急了也咬人，又何必弄得两败俱伤呢？

五二

一言足以召大祸[①]，故古人守口如瓶[②]，惟恐其覆坠也[③]；一行足以玷终身[④]，故古人饬躬若璧[⑤]，惟恐有瑕疵也[⑥]。

【注释】　①召：同“招”，招惹之意。

②守口如瓶：嘴巴像瓶口塞紧了一样。形容说话谨慎或严守秘密。

③覆坠：倾倒坠亡。

④玷：污辱。

⑤饬躬若璧："饬"是治理，"躬"指自己，"饬躬若璧"就是守身如玉的意思。

⑥瑕疵：玉上的斑痕，比喻过失。

【译文】 一句不当的话就可以招来大祸，所以古人言谈十分谨慎，不胡乱讲话，以免招来杀身毁家的大祸。一件错事就足以使一生清白的言行受到污辱，所以古人守身如玉，行事非常小心，惟恐做错事而让自己终身抱憾。

【评语】 人有两只耳朵、两个眼睛、一张嘴，就是要人多听、多看、少说。语言是人表达自己、与人交际的工具，适时而得体地运用它相当重要，所以古人强调慎言。慎言不是不让说话，而是要注意身份、场合、时机等，不该说的不说，该说的才说。如果逢人便大放厥词，所谓"言多必失"，就很容易让人产生误解，影响彼此的关系。更严重的情况是祸从口出，因为一句不当的话而招致杀身之祸，历史上这样的事例屡见不鲜。所以无谓的言语还是少说为妙。

一个人光明磊落，清白一生，如果因为一件小事而坏了名声，玷污了人格，那可太不值了。所以古之圣贤非常谨慎小心，惟恐做错了事，会让自己终身抱憾。古人以玉比德，并不是让人胆小怕事，其初衷是要求人们凡事三思而后行，不要忽视小事。

五三

颜子之不校[①]，孟子之自反[②]，是贤人处横逆之方[③]；子贡之无谄[④]，原思之坐弦[⑤]，是贤人守贫穷之法。

【注释】 ①颜子：孔子的弟子颜回，字子渊。不校：不计较。语出《论语·泰伯》："曾子曰：以能问于不能，以多问于寡；有若无，实若虚，犯而不校，昔者吾友尝从事于斯矣。"

②自反：自我反省。语出《孟子·离娄下》："有人于此，其待我以横逆，则君子必自反也。"

③横逆：横暴不顺理。

④子贡：孔子的弟子。姓端木，名赐，字子贡。

⑤原思：孔子的弟子原宪，字子思。坐弦：自在地弹琴取乐。

【译文】 遇到有人冒犯时，颜渊不与人计较，孟子则自我反省，这是君子在遇人蛮横不讲理时的自处之道。在贫贱时，子贡不去阿谀富者，子思则依然弹琴自娱，完全不把贫困放在心上，这是君子在贫穷中仍能自守的方法。

【评语】 别人平白无故地找麻烦，平常人一定十分恼怒，若是气量狭小些的，更会以牙还牙，但是颜渊可以不予计较，一笑置之。孟子认为别人冒犯自己，也许是自己什么地方做错了，因而自我反省一番。这是值得我们学习的。

贫穷本来就很难耐，有的人耐不住，便干起违法的勾当，甚至抛弃人格，阉然媚世。子贡却要求自己"贫而无谄"，这便是能守，而原宪身处贫穷，能怡然自得、弹琴自娱，这就是能乐了。这是值得我们仰慕的。

五四

观朱霞[①]，悟其明丽；观白云，悟其卷舒；观山岳，悟其灵奇[②]；观河海，悟其浩瀚[③]。则俯仰间皆文章也。对绿竹，得其虚心；对黄华[④]，得其晚节[⑤]；对松柏，得其本性；对芝兰，得其幽芳。则游览处皆师友也。

【注释】 ①朱霞：红色的霞彩。

②灵奇：奇异秀丽的景色。

③浩瀚：水势广大的样子。

④黄华：菊花。

⑤晚节：菊经霜犹茂，以喻人之晚年节操清亮。

【译文】 观赏红霞时，领悟到它明亮而又灿烂的生命；观赏白云时，欣赏它卷舒自如的曼妙姿态；观赏山岳时，体认到它的奇异秀丽；观看大海时，领悟到它的广大无际。因此只要用心体察，天地间无处不是好文章。面对绿竹时，能学习到待人应虚心有礼；面对菊花时，能学习到处乱世应有高风亮节；面对松柏时，能学习到处逆境应有坚韧不拔的精神；面对芷兰香草时，能学习到人的品格应芬芳幽远。那么游玩与观赏的地方都是我们的良师益友。

【评语】 “万物静观皆自得”，天地之间的一草一木，白云山岳，都值得我们效法。明丽的彩霞启示我们，每一个人都应该尽力展现自己最美好的灿烂生命。舒卷的白云提醒我们，生命也有舒展卷藏的时候，应当有为有守。而灵奇的山岳与浩瀚的河海，均足以拓展我们的心胸，而不必要在一些微不足道的小事上拘泥计较。绿竹的中空，代表着虚心；菊花能在岁末盛开，正像人在晚年而节操弥坚；松柏于岁寒不凋，如同人的坚韧不拔；而古人以芷兰香草比喻君子，象征着一个人人品的高洁。这些都足以启发我们的心性，涵养我们的境界。总之，日常生活中多留心观摩，便可发现天地间处处是文章，自然界万物皆师友。

五五

行善济人[①]，人遂得以安全，即在我亦为快意[②]；逞奸谋事[③]，事难必其稳便[④]，可惜他徒自坏心。

【注释】 ①济人：救济别人。

②快意：心中十分愉快。

③逞奸：肆行奸邪。

④稳便：稳当，便利。

【译文】 做好事帮助他人，他人因此而得到安逸保全，自己也会感到十分愉快。肆行奸计去图谋，事情未必就能稳当便利，只可惜他徒然拥有坏心肠。

【评语】 行善助人在己，只要你主观上愿意做好事、帮助别人，一般来说不是什么难事。因为施善于人，每个人都乐于接受。做坏事，干那些损人利己的事，一般来说比较难以达到目的。因为算计别人，别人当然会有所防范。所以说善事易为，恶事难成。更进一步说，见到自己帮助的人能够安乐喜悦，自己也会感到畅快，可见为善对己对人都有益处。整日想着算计别人，不但难以如愿，即使成功，他人心怀怨恨，一定也会报复自己，真是害人害己。

五六

不镜于水[①]，而镜于人，则吉凶可鉴也[②]；不蹶于山[③]，而蹶于垤[④]，则细微宜防也。

【注释】 ①镜于水：以水为镜子。

②鉴：明察。

③蹶（jué）：跌倒。

④垤（dié）：小土堆。

【译文】 不以水为镜子，而以人为镜来反省自己，许多事情的吉凶祸福可以鉴察清楚。在高山上没有跌倒，却被小土堆绊倒，愈是细微小事，愈要谨慎小心。

【评语】 唐太宗曾说："以古为鉴，可以知兴替；以铜为鉴，可以整衣冠；以人为鉴，可以知得失。"所谓以人为镜，就是拿他人行为的得失，来作为自己的借鉴；以别人行事的经验教训，来考量自己的成败。每个人的阅历和精力都是有限的，不可能事事躬行，也不可能对每一件事皆能洞察入微，明了于心。这就在客观上要求我们要"以人为镜"。在分工愈来愈细、术业日趋专攻的今天，以人为镜，可以帮助我们准确地判别是非，把握事物趋向，少走弯路，自然便懂得趋吉避凶之道了。

我们爬山时，知道山形险峻，就会格外小心；而走在平地上，没有了那种戒心，往往会被路旁的小土堆绊倒。这是人之常情，恰恰表明：人总在疏忽之处失败。所谓"善泳者必溺于水""千里之堤，毁于蚁穴"，做任何事情，我们都要抱着"防微杜渐"的态度，越是细小的地方，越不可掉以轻心，才不会造成更大的损失。

五七

凡事谨守规模[1]，必不大错；一生但足衣食，便称小康[2]。

【注释】 ①规模：原有的法度，一定的规则与模式。

②小康：形容略有资产而足以自给的家境。

【译文】 任何事情只要谨慎地遵守原有的法度，总不至于出什么大的差错。一辈子只要衣食无忧，家境便可算是自给自足了。

【评语】 任何已经创办的事业，必然有其一定的规模与法则可遵循。后人多不明白其中的道理，于是自作聪明，大事更张，却往往失败。就像改出一篇好文章要比写好一篇文章难，从某种意义上说，守成也比创业难。创业没有束缚，类似在白纸上画画，守成一方面要遵循前人法则，做到有循有破，一方面要甘居守成的位置，压制超越先辈、开创大业的雄心。当然，若没有足以开创新境界的智慧，倒不如依照原有的法度去实施，至少不会出错。

人的一生，只要够吃够穿就好，不一定非要有锦衣玉食。因为，在过分追求物质享受的过程当中，往往将知足的心也遗失了，反而不见得比以前快乐。所以知足常乐，在物质享受方面尤其应该如此。

五八

十分不耐烦[1]，乃为人大病；一味学吃亏[2]，是处事良方。

【注释】 ①十分：总是，老是。不耐烦：不能忍耐烦琐之事。②一味：总是，一直。

【译文】 总是不能忍耐烦琐之事，是为人处世最大的缺点。一直抱着宁可吃亏的态度，是处理事情最好的方法。

【评语】 人要耐得烦，才有成功的可能。如果不能耐烦，浅尝辄止，稍遇挫折便放弃，那就永远也成不了气候。对于我们绝大多数人来说，生活是由无数琐碎的小事构成，而且烦心之事居多，顺心之事很少，我们必须耐得住烦，以完成我们作为普通人的生活。

吃亏是福，做人要能吃亏。甘于吃亏是谦让，退一步海阔天空，给人以方便的同时，也给自己好的心情。甘于吃亏是大度，是大气，不计较蝇头小利，处事公正无私，别人自然信服。甘于吃亏的人，到最后其实并不吃亏。而爱占便宜的人，终究占不了便宜。

五九

习读书之业，便当知读书之乐；存为善之心，不必邀为善之名①。

【注释】 ①邀：希求，求得。

【译文】 把读书当作终生事业的人，就该懂得读书的乐趣。抱着做善事之心的人，不必要求得“善人”的名声。

【评语】 善于读书的人，能从书中得到极大的乐趣。不善于读书的人，只会觉得读书很辛苦。实事求是地说，做任何事情都需要付出努力，都不轻松，读书也不例外。古人考科举，把读书当作博取功名富贵的敲门砖，今人考大学，考各种证书，把读书当作谋求一份好工作的入场券，抱有这样的目的去读书无可厚非，但多半体会不到读书的乐趣。

而要想从读书中得到乐趣，最简单的方法就是视读书本身为目的，抛开一切外在的利害关系，与古为徒，游心于艺，开卷如对良师益友，不断充实自己的心灵。如果实在无法领略读书乐趣的话，与其苦不堪言，不如不要把读书当作终生事业。

“为善不欲人知”，这样的善才是大善。如果做了一件好事，生怕别人不知道，那么这种善已经沾染上了名利心，不能说是真善了。真正了解“为善最乐”的人，绝不会为了一个善的虚名去行善。

六〇

知往日所行之非，则学日进矣；见世人可取者多[①]，则德日进矣。

【注释】 ①取：取法。

【译文】 知道自己过去有做得不对的地方，自己的学问就能日渐充实。看到他人可学习的地方很多，自己的道德也必定能逐日增进。

【评语】 能够知道自己的过失，才有改正的可能。或者说，能清楚地看见自己的过错，其实表示自己也有进步了。如果自我感觉良好，自以为是，那就不会有进步的希望。春秋时的蘧伯玉年五十而知四十九年非，是千古传颂的能够反省改过的贤人。

“尺有所短，寸有所长”，每个人都有自己的优点和缺点。我们与人相交，要善于发现和学习别人的优点，这样才能不断进步。要做到“见世人可取者多”，首先便要具备谦虚的美德，其次要有察人的能力，再次也要有容人的雅量。不谦虚，没有敏锐的观察力，则不会发现别人的长处；没有容人的雅量，则只会妒忌，而不会去学习别人的长处。

六一

敬他人[1]，即是敬自己；靠自己，胜于靠他人。

【注释】 ①敬：尊重。

【译文】 敬重他人，便是敬重自己；依靠自己，好过依赖他人。

【评语】 所谓“敬人者，人恒敬之”，你若能尊重他人，他人自然也会尊重你。尊重他人，并不是要阿谀奉承，而是以礼相待。反之，如果老爱论人是非，攻讦他人隐私，对方一定也会还以颜色。

所谓“求人不如求己”，许多事，除非是万不得已，能自己做的，还是尽量依靠自己。这一方面是克服困难，增长能力；一方面也免于亏欠人情。何况他人也不见得靠得住。

六二

见人善行，多方赞成[1]；见人过举[2]，多方提醒，此长者待人之道也。闻人誉言，加意奋勉[3]；闻人谤语[4]，加意警惕，此君子修己之功也。

【注释】 ①赞成：帮助促成。

②过举：错误的行为。

③奋勉：振作勤勉。

④谤语：恶意攻击的言语。

【译文】　见到他人有良善的行为，想方设法促成他；见到他人有过失的行为，想方设法提醒他，这是有德行的人待人处世的原则。听到他人对自己有赞美的话，就要更加振作勤勉；听到他人毁谤自己的话，就要更加注意自己的言行，这是有道德的人修养自身的功夫。

【评语】　见人行善，不袖手旁观，而是尽力帮助他做成善事。在他人可以成就善行，在自己也是助人为善。见到他人有不好的行为，不冷嘲热讽，而多方面去提醒、规劝他改正。在自己有规箴之功，在他人可以改过自新。这都是一举两得的事情。

君子听到他人称赞自己时，不敢沾沾自喜，反而加紧奋勉。因为担心名不副实，辜负赞美自己的人。听到他人毁谤自己时，也赶快自我反省一番，看自己是否真有什么地方做错，或是得罪了人，若是没有，才敢放心。

六三

奢侈足以败家，悭吝亦足以败家[①]。奢侈之败家，犹出常情；而悭吝之败家，必遭奇祸[②]。庸愚足以覆事[③]，精明亦足以覆事。庸愚之覆事，犹为小咎[④]；而精明之覆事，必见大凶。

【注释】　①悭（qiān）吝（lìn）：吝啬。

②奇祸：出人意料的灾祸。

③覆事：败坏事情。

④咎（jiù）：过失，罪过。

【译文】　铺张浪费足以使家道颓败，吝啬也足以使家道颓败。铺张浪费而败家，还有常理可循，往往可以预料；而吝啬败家，却常常是遭受了意想不到的灾祸。平庸愚笨足以使事情失败，太过精明能干也足以使事情失败。平庸愚笨的人坏事，还只是小过失；精明的人坏事，必定会出现大的灾祸。

【评语】 奢侈足以败家，这个道理很容易明白。但为什么连吝啬也会败家呢？因为悭吝的人，必然将财物看得太重，一分一毫都舍不得与人。在别人需要帮助时，悭吝的人要么视而不见，不予援手，要么小家子气，生怕自己吃亏。这种人一般来说为富不仁，不得人心，在自己需要帮助的时候得不到帮助，甚至容易遭那些有贪念的人暗算。

愚笨的人成不了什么大事，也坏不了什么大事，因为大家都知道他愚笨，不会交给他什么重要的事。精明的人很多时候过于自信，听不进不同的意见，于是容易导致失败。而且由于他平素精明干练，人人都肯托付重责，若他一时失察，所坏的事必为大事，造成的影响也大。

六四

种田人，改习廛市生涯[①]，定为败路；读书人，干与衙门词讼[②]，便入下流[③]。

【注释】 ①廛（chán）市：商铺集中的地方。这里泛指市场上的商业行为。

②干与：干涉，过问。衙（yá）门：旧时官吏办公的地方。词讼（sòng）：诉讼。

③下流：品格低下。

【译文】 种田人改学做生意，一定会失败。读书人成了专门替人打官司的讼棍，品格便日趋下流。

【评语】　一个种田的，一不明商场利害，二不解人情世故，三没有社会关系，若不专心务农，而与人在商场上争名逐利，常是失败的居多，搞不好还要变卖祖产。不如守着一亩方田，春耕、夏耘、秋收、冬藏，淡泊名利，如此反而能过好日子。

读书人讲的是“明是非”“辨义理”，而衙门讼师要为委托人争取胜诉，以获取酬劳，多数时候并不分辨是非黑白，也不拘泥于道德。所以作者认为读书人不应该参与诉讼之类的事情，以免成为追逐利益、罔顾大义的下流胚。

在传统的农业社会，商贾和讼师是被人鄙视的职业，作者的上述看法无疑是被普遍接受的主流观念。当代社会，商业发达，重视法治，作者的这一观点显然不合时宜，需要我们加以辨别。

六五

常思某人境界不及我[1]，某人命运不及我，则可以自足矣；常思某人德业胜于我，某人学问胜于我，则可以自惭矣。

【注释】　①境界：环境，状况。

【译文】　常想到有些人的生存环境还不如自己，有些人的命运也不如自己，就应该感到满足。常想到有些人的品德事业比我好，有些人的学问也比我好，便应该感到惭愧。

【评语】　在物质享受方面，我们应该知足常乐，多想想“比下有余”。那些环境比自己差的人，一样在努力地生活着，而且比自己还认真、愉快，自己拥有的比他还多，怎能不知足呢？在感慨自己命运多舛之时，不妨看看那些命运比自己差的人，就会觉得自己实在很幸运了。

在道德学问方面，我们应该要抱着“不知足”的态度，多想想“比上不足”。品德学问完全操之在我，不仅能满足我们的心灵喜悦，也能拓展我们生命的境界。所以我们要看到很多人的学问道德都比自己好，见贤思齐，鞭策自己努力赶上。

六六

读《论语》公子荆一章[①]，富者可以为法；读《论语》齐景公一章[②]，贫者可以自兴[③]。

【注释】 ①公子荆一章：《论语·子路》：“子谓卫公子荆善居室，始有，曰：‘苟合矣！’少有，曰‘苟完矣！’富有，曰：‘敬美矣！’”孔子赞美卫公子荆善于治理家产，而且知足常乐。

②齐景公一章：《论语·季氏》：“齐景公有马千匹，死之日，民无德而称焉，伯夷、叔齐饿于首阳之下，民到于今称之。”意思是说齐景公很富有，死后却无人称赞，伯夷、叔齐不食周粟，宁可饿死在首阳山下，人们颂扬至今。

③自兴：自我奋勉，自我振作。

【译文】 读《论语·子路》篇有关公子荆的那一章，富有的人可以效法；读《论语·季氏》篇有关齐景公的那一章，窘迫的人可以为之而奋发。

【评语】 公子荆善于治理家产，最初并没有什么财富，但他却说：“尚称够用！”稍有财富时就说：“可称完备了！”到了富有时，他说：“可称完美无缺了！”在此过程中，他抱着知足的态度，所以贫能安贫，富能安富，始终保持心境上的裕如。齐景公养马千匹，死了以后并没有值得百姓称赞的美德；伯夷叔齐不肯食用周粟，最后饿死在首阳山，而人们却争相称道。可见一个人“富有”或“贫穷”，不在财富，而在道德。其实，读公子荆一章，富者可以取法，贫者也可以取法。阅齐景公一章，贫者可以奋勉，富者也可以自惕。

六七

舍不得钱，不能为义士[①]；舍不得命，不能为忠臣。

【注释】 ①义士：指有节操的人。

【译文】 如果舍不得金钱，不可能成为义士；舍不得性命，就不可能成为忠臣。

【评语】 钱财是每个人都喜爱的，生命是很宝贵的。但义士视钱财如粪土，遇到需要帮助的人，能慷慨解囊，不计较个人得失。忠臣为了国家社稷，能奋不顾身，不惜牺牲自己的生命。岳飞在回答宋高宗“天下何时太平”的问题时说：“文臣不爱钱，武臣不惜死，天下太平矣。”由此可见忠臣义士对于国家天下的重要性。

六八

富贵易生祸端，必忠厚谦恭，才无大患；衣禄原有定数[①]，必节俭简省，乃可久延[②]。

【注释】 ①衣禄：衣食福分。

②久延：长久。

【译文】 富贵显达容易引发祸根，一定要诚实宽厚地待人，谦虚恭敬地自处，才不会发生灾祸。衣食福分原本都有定数，一定要节省俭约，用财有度，才能使福禄更长久。

【评语】 富贵易遭人嫉妒，财富易使人起贪心，若为富不仁，或是仗势欺人，必将助长他人的忌恨心及谋夺心，从而招致灾祸。富而仁厚，贵而谦虚，才能长保富贵而无大患。

一个人一生的福禄，往往有一定的定数，就算没有定数，再富有的人也经不起长久的奢华浪费。所以要节俭持家，才能保持福禄。历来成由勤俭败由奢，司马光在《训俭示康》一文中提到，“何曾日食万钱，至孙以骄溢倾家”，寇准豪侈，“子孙习其家风，今多穷困”，足资为鉴。

六九

作善降祥，不善降殃，可见尘世之间，已分天堂地狱；人同此心，心同此理，可知庸愚之辈，不隔圣域贤关①。

【注释】 ①圣域：圣人的境界。贤关：原指进入仕途的门径。这里指达到贤人的境界。

【译文】 做好事得到好报，做恶事得到恶报，由此可见人世间便已经有天堂与地狱的分别了。人的心是相同的，心中具有的理也是相通的，由此可知平庸愚笨的人并不被拒绝在圣贤的境地之外。

【评语】 善有善报，恶有恶报。做了好事，受人肯定、敬重，心情舒畅，精神愉快，内心一片祥和，所以处处是乐境。做了坏事，被人鄙视、憎恨，担惊受怕，心神不定，精神恍惚，内心充满戾气，所以触目皆是苦境。佛家说：“一念善即天堂，一念恶即地狱。”天堂和地狱，完全在于人心的善恶之念。

孟子认为人都有良知良能，人性本善，又说：“舜何人也？予何人也？有为者亦若是。”意思是人人都有成为圣贤的可能，只要有心为圣贤，便可以成为圣贤。所以平庸愚笨的人，只要把天性里的善端加以扩充，也是可以成为圣贤的。

七〇

和平处事，勿矫俗为高①；正直居心，勿设机以为智②。

【注释】 ①矫俗：故意违背习俗。

②设机：设置机关、计谋。

【译文】 为人处世要心平气和，不要故意违背习俗，自以为高人一等。平日存心要公正刚直，不要设计机巧，自以为比别人聪明。

【评语】 做人切忌故意违背习俗，自命清高。这种博取名声的行径，只会引起别人的讥讽，原因无他，虚伪做作而已。据说汉武帝时，丞相公孙弘每餐只吃一道菜，穿粗麻衣，盖粗布被，以示节俭。汲黯就批评公孙弘的这种做法是“诈”。

做人要正直，不耍小心眼，不自作聪明。所谓的机巧，只是小聪明，并非大智慧。算计别人可能也会获得一些小利小惠，但和所丧失的节操相比，可谓得不偿失。更何况，算计来算计去，未必能如愿以偿，倒不如光明磊落，俯仰无愧。

七一

君子以名教为乐[①]，岂如稽阮之逾闲[②]？圣人以悲悯为心[③]，不取沮溺之忘世[④]。

【注释】　①名教：指以儒家所定的名分与伦常道德为准则的礼法。

②稽阮：稽同“嵇”，指嵇康，阮指阮籍，皆为竹林七贤。逾闲：指逾越轨范，失于检点。

③悲悯（mǐn）：慈悲怜悯。

④沮溺：沮指长沮，溺指桀溺，均为春秋时避世的隐士。

【译文】　读书人应该以遵循礼法为乐事，怎能像嵇康、阮籍等人那样逾越轨范，恣意放荡？圣人抱着悲天悯人的胸怀，关心民生疾苦，并不效法长沮、桀溺的避世独居，不理世事。

【评语】　嵇康、阮籍皆为竹林七贤成员。嵇康放浪形骸，常有抨议儒家的言论；阮籍不拘礼俗，饮酒纵车，途穷而哭。两人皆不循世俗轨范，除了关乎性情，主要与当时的环境极有关系。后代读书人仿效东晋名士，蔑视礼法，自诩风流，一则没有当时的时代背景，二则没有他们的性情才气，于是多半流为怪诞放肆，不足取法。

长沮、桀溺在乱世里独善其身，认为孔子之道不可行，不如避世自求多福。圣人不同于隐士，圣人以天下苍生为念，有知其不可为而为的精神，所以不忍隐世。圣人、隐士是两种不同的文化人格，出世、隐世是两种不同的人生选择，都值得我们尊重。

七二

纵容子孙偷安[①]，其后必至耽酒色而败门庭[②]；专教子孙谋利，其后必至争赀财而伤骨肉[③]。

【注释】 ①偷安：不管将来，只求目前的安逸。

②败门庭：败坏家风。

③赀财：财产。骨肉：比喻至亲。

【译文】 放纵子孙只图取眼前的逸乐，子孙以后一定会沉迷酒色，败坏门风。专门教导子孙谋求利益，子孙以后必定会争夺财产，彼此伤害。

【评语】 教育子孙，应培养子孙勤俭的习惯。如果纵容子孙好逸恶劳，那么他们必定耽于酒色，酒能乱性，色能伤身，一旦陷溺其中，势必败坏门风，招致灾祸。历来败家子多半如此。《歧路灯》里的主人公谭绍文，本性不坏，却因为母亲过分溺爱，管教无方，最后在一帮狐朋狗友的哄诱下，走上堕落的歧路。

教育子孙，要教以孝悌忠信之道。如果专教子孙谋利，那么在他们眼里，个人的利益势必比人伦亲情还重要，逢到分财产、争利害的场面，必定骨肉相伤，败坏人伦。司马光《家范》提到一个富有而吝啬的士大夫，病得很厉害的时候，子孙偷了他的钥匙，盗取他的财产；这个人死了，子孙一点也不悲伤，而是为了争夺财产打官司，甚至未嫁的女儿也告到官府，争夺嫁资。其原因在于“子孙自幼及长，惟知有利，不知有义”。

七三

谨守父兄教条[①]，沉实谦恭[②]，便是醇潜子弟[③]；不改祖宗成法[④]，忠厚勤俭，定为悠久人家[⑤]。

【注释】 ①教条：教令、法规。

②沉实：稳重笃实。

③醇潜：性情敦厚深沉。

④祖宗成法：祖宗所遗留下来的教训及做事的方法。

⑤悠久：指绵延长久。

【译文】 谨慎地遵守父兄的教诲，为人稳重笃实、谦虚恭敬，就是一个性情敦厚的好子弟。不擅自更改祖宗留下来的教训和做人做事的方法，待人忠诚宽厚，持家勤勉俭朴，家道必定可以历久不衰。

【评语】 为人子弟的，若能谨遵父兄的教诲，便是父兄的好子弟。长辈的阅历经验总是比自己丰富，不听他们的劝告，盲目乱闯，经常会失之莽撞，又怎能成为纯厚受教的好子弟？

祖宗的家法，多半是前人经验的累积，不可轻易毁弃。忠厚勤俭，是我们历来强调的家教内容，也是被实践证明了的培养子弟的好纲目。忠厚足以兴业，勤俭足以兴家。能忠厚勤俭的人，一定能兴业积富，家道自然可历久而不衰了。

七四

莲朝开而暮合，至不能合，则将落矣，富贵而无收敛意者，尚其鉴之[①]。草春荣而冬枯，至于极枯，则又生矣，困穷而有振兴志者，亦如是也。

【注释】 ①尚其鉴之：最好能够看到这一点。

【译文】 莲花早晨开放，到夜晚便合起来，到了不能再合起来时，就是要凋落的时候了，富贵而不知收敛的人，最好能够看到这一点而知道收敛。草木春天时长得很茂盛，至冬天就干枯了，等枯萎到极处时，又到了草木再度发芽的春天了，身处穷困境地而想自我振作的人，应当以这一点勉励自己。

【评语】 一朵莲花，早上开，晚上合，很快就会枯落。富贵也是这样，转瞬即逝。富贵不知收敛节制，最后只有衰败一途。世人要懂得物极必反的道理，居安思危，善处富贵，那么富贵才有可能长久。

一株小草，只要它的“根”仍在，便有源源不绝的生机。人何尝不是如此？即使处于极度穷困的境地，只要心存振兴的志向，不自暴自弃，总有否极泰来、重见天日的时候。所以君子要善于处穷。

七五

伐字从戈，矜字从矛，自伐自矜者[①]，可为大戒；仁字从人，义字从我[②]，讲人讲义者，不必远求。

【注释】 ①自伐自矜：自我夸耀，自尊自大。伐与矜都有自夸的意思。

②义字从我："义"字的繁体"義"，下面有"我"字。

【译文】 "伐"字的右边是"戈"，"矜"字的左边是"矛"，所以自夸自大的人可以引以为戒（矛戈皆为兵器，有自伤之意）。"仁"字旁边有"人"，"义"字下面有"我"，可见仁义只在人我之间讲求，不需要去远方寻找。

【评语】 伐和矜都是自我夸耀的意思，由字形看，便知道伐和矜有自我杀伤的涵义。自夸自大的人，必定惹得人人厌恶。不要说没有长处，就算有一些长处，也未必能令人心服。因为，人在自夸自大的时候，难免会贬抑他人，有谁愿意受他毁谤？不是远离他，就是内心鄙视他，甚或还以颜色，这岂不是一种伤害？岂不是以戈自伐，以矛自刺吗？

"仁"字的旁边是一个"人"字，"义"字的下面是一个"我"字，可知仁义不必远求。因为"仁"者施于人，"义"者在于我。想要行"仁"，不如先从自己的亲友邻里做起。想要行"义"，只要从自身做起。仁义并不在口头，而在日常生活上能身体力行。

七六

家纵贫寒，也须留读书种子；人虽富贵，不可忘力穑艰辛①。

【注释】 ①力穑（sè）：努力耕作。

【译文】 纵使家境贫穷困乏，也要让子孙读书。虽然是个富贵人家，也不可忘记努力耕作。

【评语】　“人非生而知之”，一个人的学问，除了从生活与社会的实践中直接获得外，主要途径是读书。读书才能增长知识，明白事理，修身养性，变化气质，从而更好地为社会服务。即使以世俗的眼光来看，读书考取功名，可以出仕做一番事业，光宗耀祖。所以富贵家要教育子弟多读书，贫寒家更要教育子弟多读书。

“前人栽树，后人乘凉”，富贵人家，大多经过几代人的辛勤积累，子孙承其福荫，一定要谨记父祖创业的艰辛。富贵不忘艰辛，可以提醒自己不忘本，更加珍惜现在，可以教育子孙知勤俭，继续壮大家业。

七七

俭可养廉，觉茅舍竹篱①，自饶清趣②；静能生悟，即鸟啼花落，都是化机③。

【注释】　①茅舍：茅草盖的屋舍。竹篱：竹子编扎的篱笆。

②清趣：清雅的意趣。

③化机：造化的生机。

【译文】　勤俭可以修养一个人廉洁的品性，就算住在竹篱围绕的茅屋里，也自有它清雅的意趣。在寂静中容易领悟到天地之间的道理，即使鸟儿鸣啼，花开花落，也都是造化的生机。

【评语】　“俭则寡欲”，一个人若过惯俭约的生活，在物质享受方面就不会有奢求，自然也就不容易再为物质而改变心志，所以说“俭可养廉”。对于一些人来说，竹篱茅舍、粗茶淡饭比华屋美食更加自然惬意。佛家讲禅定，人心在纷争扰攘中，无法酝酿出深刻的智慧，只有在沉静时，才能有所开悟。此时一声鸟鸣，一朵花落，都透露出生命的玄机。

七八

一生快活皆庸福[1]，万种艰辛出伟人。

【注释】 ①庸福：平凡人的福分。

【译文】 能一辈子快乐无愁地过日子，这是大多数平凡人的福分；经历万种艰难困苦，才能成就一个伟人。

【评语】 “艰难困苦，玉汝于成”，要成就一个伟人，得历经千辛万苦，各种磨难，这不是一般人承受得了的。然而这也正是伟人之所以为伟人的地方。至于普普通通的人，最大的愿望是一辈子快乐无忧地过日子，这就是我们所说的“庸福”。其实作为普通人，能够实现这个愿望也是不错的。

七九

济世虽乏赀财，而存心方便[1]，即称长者；生资虽少智慧，而虑事精详，即是能人。

【注释】 ①存心方便：处处便利他人。

【译文】 虽然没有金钱财货帮助世人，但是只要处处给人方便，便是一位有德的长者。虽然天生的资质不够聪明，但是考虑事情能清楚详细，就是一个能干的人。

【评语】 很多人以自顾不暇、能力有限为理由，不去帮助世人。其实只要时时存着方便他人的心，从小事做起，也能成为值得尊敬的人。济世并不一定需要花费多少钱财，诸如盛一碗饭给乞丐、公交车上给老人让个座之类的事情，我们每一个人都可以做到。

一个人凡事只要仔细地考虑清楚，计划周详，谨慎地去做，必然也会成为一个能干的人。所谓“愚者千虑，必有一得；智者千虑，必有一失”，天生聪明的人自恃聪明，便草率行事，事情就不能做得圆满了。天生愚鲁的人，由于知道自己天资不够好，凡事三思以后才肯着手，反而使他们能稳当地做事，不出差错。

八〇

一室闲居，必常怀振卓心[1]，才有生气；同人聚处，须多说切直话[2]，方见古风[3]。

【注释】 ①振卓：振奋高远。

②切直：恳切率直。

③古风：古代的风俗习惯，多指质朴的生活作风。

【译文】 一人闲散居处时，一定要时常怀着策励振奋的心志，才能显出活泼蓬勃的气象。和别人一起相处时，要多说恳切率直的话，才能体现古人待人处世的风范。

【评语】 一个人闲居，若没有高远的理想和振奋的精神，容易流于懒散，乃至荒废时日。相反，如果能抓紧闲散的时间充实自己，学习新的知识技能，才不至于百无聊赖，也可以为迎接更大的挑战而做好准备。

好友相聚，常互相勉励，言辞恳切正直，因而彼此都能有所长进，所谓“以文会友，以友辅仁”。如果大家在一起只是饮酒作乐，互相标榜吹捧，那就只是浪费时间，没有多少益处。

八一

观周公之不骄不吝[①]，有才何可自矜？观颜子之若无若虚[②]，为学岂容自足？

【注释】 ①周公：西周初期杰出的政治家。姓姬名旦，曾两次辅佐周武王东伐纣王，并制作礼乐。因其采邑在周，爵为上公，故称周公。不骄不吝：不骄傲，不鄙吝。

②若无若虚：谓有才能不张扬，有德行不炫耀。形容人的态度谦逊，虚怀若谷。语出《论语·泰伯》。

【译文】 周公制礼作乐，是周朝的圣人，他却不因为自己有才德，而对他人有骄傲和鄙吝的心。有才能的人，哪里可以自夸自大呢？颜渊是孔子的得意门生，他却有才能不张扬，有德行不炫耀，不断虚心学习。做学问哪里可以自以为满足呢？

【评语】 孔子说："如有周公之才之美，使骄且吝，其余不足观也已！"意思是说，一个人的才华即便像周公一般美好，而为人骄傲鄙吝的话，那么这个人在其他方面也就没有什么可取之处了。可见骄吝对于品德的损害很大。更进一步说，周公这样的大圣人都不骄不吝，我们这些平凡的人有什么理由骄吝呢？颜渊是孔门弟子中德行最好的，但他谦虚低调，虚心学习。学海无涯，进德不已，我们普通人论学问品性，有几个能比得上颜渊呢？颜渊这样的大贤人尚且谦虚好学，我们又有什么理由自满？

八二

门户之衰，总由于子孙之骄惰；风俗之坏，多起于富贵之奢淫。

【译文】 一个家族的衰败，总是由于子孙的骄傲懒惰，而社会风俗的败坏，多起因于富贵人家的奢侈浮华。

【评语】 “君子之泽，五世而斩”，所以人们常常把一个家族的衰败归之于天命，而忽略了人事方面的原因。从人事方面考虑，家族的衰败往往是由于子孙不肖。不肖可以是骄横怠惰，可以是贪婪奢侈，也可以是窝里斗，等等。《红楼梦》贾探春说：“大族人家，若从外头杀来，一时是杀不死的，这是古人曾说的‘百足之虫，死而不僵’，必须先从家里自杀自灭起来，才能一败涂地！”这是非常深刻的认识。

“仓廪实而知礼节，衣食足而知荣辱”，粮仓充实、衣食饱暖，人们才能自发、自觉、普遍地注重礼节、崇尚礼仪。但另一方面，如果大家竞相奢靡浪费，追求物质享受，整个社会以金钱、利益为上，弃道德伦理于不顾，那么社会风俗的败坏就指日可待。

八三

孝子忠臣，是天地正气所钟[①]，鬼神亦为之呵护[②]；圣经贤传，乃古今命脉所系[③]，人物悉赖以裁成[④]。

【注释】 ①钟：集中，专一。

②呵护：照顾。

③命脉：生命及血脉。比喻影响生存、发展的最根本因素。

④裁成：成就。

【译文】 孝子和忠臣，都是天地之间的浩然正气凝聚而成，所以连鬼神都加以爱惜保护。圣贤传下来的经典著作，是古往今来维系社会人伦的命脉，所有的忠臣孝子、贤人志士，都是靠着读圣贤书、效法圣贤行为而得以成就的。

【评语】 文天祥《正气歌》说："天地有正气，杂然赋流形，下则为河岳，上则为日星，于人曰浩然，沛乎塞苍冥。"所谓的忠臣孝子，就是心中有这么一股浩然正气的人。他们的言行足以"惊天地、泣鬼神"，因此，连鬼神也要护卫他们。

圣贤的经书典籍，包含了经世济世之道，人伦五常之理，是历代圣贤智慧的凝聚。我们依据圣贤的教诲去践行，言行自然没有缺失。朱用纯《劝言》说："要知圣贤书，不为后世中举人、进士而设，是教后世做好人。"做个好人，这就是读圣贤书的价值所在。

八四

饱暖人所共羡，然使享一生饱暖，而气昏志惰[①]，岂足有为？饥寒人所不甘，然必带几分饥寒，则神紧骨坚[②]，乃能任事。

【注释】 ①气昏志惰：神气昏昧，志气怠惰。

②神紧骨坚：精神抖擞，骨气坚强。

【译文】 人人都羡慕吃得饱、穿得暖，可是就算一生都享受饱暖的物质生活，而精神昏昧，志气怠惰，那又有什么作为呢？人人都不乐意忍受饥寒，但是必须经历一番饥寒的磨练，使精神抖擞，骨气坚强，才能承担重任。

【评语】 饱暖安逸是人人所追求的，谁也不会和饱暖安逸有仇，但所谓“饱暖思淫欲”，人一旦饱暖安逸惯了，一是会诱发更大的欲望，让人心志昏乱，一是丧失进取之心，很难有什么作为。相反，饥寒却足以激起人的精神，磨练人的意志。逆境出人才，因为在苦境中，人容易被激发起斗志和潜力，也容易被环境磨练得更能吃苦耐劳，这些都是成功所必备的条件。晋代陶侃任刺史时，为了防止自己耽于安逸，每天早上运百甓于斋外，傍晚再搬回。这种精神值得我们学习。

八五

愁烦中具潇洒襟怀[1]，满抱皆春风和气；暗昧处见光明世界[2]，此心即白日青天。

【注释】 ①潇洒襟怀：豁达而无拘无束的胸怀。

②暗昧：昏暗不明。

【译文】 在愁闷烦恼中，要具有豁达而无拘无束的胸怀，那么心中便有一团如春风般的和气。在昏暗不明的环境里，要能保有光明的心境，内心就能像青天白日般明亮无染。

【评语】 “人生不如意事十常八九”，我们要有苦中作乐的精神和能力，尽量能洒脱一点，否则就会被愁苦缠缚住，一辈子过得不快乐，生命也无法圆满充实。要拥有豁达洒脱的胸怀，首先要能舍得。很多时候是我们放不下，舍不得，所以被愁苦包围，无法挣脱。一旦放下，了无牵挂，则愁苦也无所附丽。其次要宽容。要有容人之量，以宽广的胸怀容纳世界，世界也绝不会用愁苦来回馈你。

即使遭遇黑暗，我们也一定要相信光明，不放弃希望，更不能把自己变为黑暗的一部分。诗人说：“黑夜给了我黑色的眼睛，我却用它寻找光明。”在绝望之地抱有希望，在黑暗之中心存光明，人心不死，希望不灭，光明也一定会到来。

八六

势利人装腔作调[①]，都只在体面上铺张[②]，可知其百为皆假；虚浮人指东画西[③]，全不向身心内打算，定卜其一事无成[④]。

【注释】 ①装腔作调：故作姿态，矫揉做作。

②体面上：表面上。铺张：张大其事，讲究排场。

③虚浮：浮华而不切实际。指东画西：言语杂乱，东拉西扯。

④卜：预料，估计。

【译文】 势利的人喜欢装模作样，只知道在表面上讲究排场，由此可以看透他的所作所为都是虚假的。浮华而不切实际的人言不及义，东拉西扯，完全不为自己的内心修养下功夫，可以料定他什么事情都无法做成。

【评语】 势利小人不但不明白人生的价值，也无法领略人生真正的乐趣。因为他们只会用财货权势去衡量一切事物，也只会追求财货权势，以博取他人艳羡的目光，刷一点点存在感。这种人的所作所为，大多虚伪不实，没有意义。

虚有其表的人，总爱夸夸其谈，好像什么都知道，其实内心空虚，没有什么真材实料。就像墙上的芦苇，头重脚轻，没有扎实的学问，又像山间的竹笋，表面皮厚，肚内空空如也。这种人既没有能力，也不肯花工夫学习，到头来必定一事无成。

八七

不忮不求[1]，可想见光明境界；勿忘勿助[2]，是形容涵养功夫。

【注释】 ①不忮（zhì）不求：语出《诗经·邶风·雄雉》："不忮不求，何用不臧。"意谓不陷害人，也不希求非分之财。忮，害，嫉妒。

②勿忘勿助：语出《孟子·公孙丑上》："必有事焉而勿正，心勿忘，勿助长也。"意谓一定要做集义养气的事，但不可预先期望效果，只要心里不忘记，也不要另外想法子帮助它生长，由它自然生长就是了。

【译文】 不陷害人，也不希求非分之财，可以推想到一个人心境的光明。集义养气的事，心里不忘记，但也不人为地帮助它生长，这传达了一种滋润养育的修养观。

【评语】 不嫉妒别人有，所以不会加害别人；不因为自己没有而感到羞耻，所以不会干求别人。这样的人是不会做出不好的事情的。那些作恶害人的人，往往是欲望太多，内心阴暗。孔子称赞子路，说子路穿着破旧的棉絮袍，和穿狐裘的人站在一起，也不会感到惭愧，因为子路"不忮不求"，内心光明磊落。

涵养浩然之气，是集聚平时所为的一切道义，从内在生发出来。它有一个循序渐进的自然的过程，或许时间很长，也或许时间较短，完全看各人涵养的功夫如何。涵养浩然之气，要时刻不忘去涵养，让它自然生长，而不能像揠苗助长的宋人那样，只会坏事。

八八

数虽有定[1]，而君子但求其理[2]，理既得，数亦难违；变固宜防，而君子但守其常[3]，常无失，变亦能御[4]。

【注释】　①数：运数。

②理：合于万事万物的道理、法则。

③常：常道。

④御：驾驭。

【译文】　运数虽有一定的限度，但君子只求所做的事合乎事理，若能合理，运数也不会违背。事物的变化虽然应该预防，但君子如果能遵守事物发展的规律，不失常道，再多的变化也能顺应。

【评语】　古人相信命运有定数，但也承认人的主观能动性，认为人的努力可以转移天命。所以才有“我命由我不由天”“命由我作，福自己求”等说法。只要我们不悖理行事，能一意向善，命运的好坏就不值得忧虑。

世事虽然多变化，但万变不离其宗，君子只需守住常道，就能“以常制变”。所谓常道，可以理解为事物发展的规律。掌握了事物发展的规律，就不会被事物表面的变化搞得手忙脚乱。

八九

和为祥气，骄为衰气，相人者不难以一望而知[1]；善是吉星，恶是凶星，推命者岂必因五行而定[2]？

【注释】 ①相人：观察人的体貌，以判断吉凶祸福。

②推命：根据人的生辰八字推算命运。五行：金、木、水、火、土。

【译文】 平和是一种祥瑞之气，骄傲是一种衰败之气，看相的人一眼就能看出来，并不困难。善良是吉星，恶毒是凶星，算命的人哪里必须要按照五行才能论断吉凶呢？

【评语】 我们常说“和气致祥”“家和万事兴”，可见一个“和”字多么重要。一个人能常保中和之气，就能保持适中，不做过分、过度的事情。而骄傲的人自以为是，张扬跋扈，盛气凌人，容易导致衰败，所以说“骄是衰气”。善于看相的人，一望可知，自然能推断一个人的祸福了。

要论断一个人的吉凶，不必从五行去推断，只要看他行善或是为恶就知道了。行善的人必能得到拥戴，上天也会赐他吉祥；为恶的人必定遭人唾弃，上天也会用灾祸惩罚他。因此，行善的人是吉星，为恶的人便是凶星，想推定吉凶，这就是一个很好的依据。

九〇

人生不可安闲，有恒业，才足收放心[①]；日用必须简省，杜奢端[②]，即以昭俭德[③]。

【注释】 ①放心：放逸的本心。

②杜：杜绝。

③昭：昭示，昭明。

【译文】 人活在世上不可闲逸度日，有了长久营生的事业，才能够将放逸的本心收回。平常花费必须简单节省，杜绝奢侈的根子，正可以昭明节俭的美德。

【评语】 孟子说："学问之道无他，求其放心而已矣。"意思是说，治学就是要把我们放逸逃失的本心收回来。孟子又说："有恒产者有恒心。"意思是说，有固定产业的人，才会有一定的道德准则。一个人不能想着安闲逸乐，只有有了稳定的工作和固定的产业，才能谈事业、谈学问道德，心也才能安定下来，不至于像脱缰的野马，到处乱跑乱闯。否则心无所寄，学问不增，道德不进，只能虚度年华。

日常生活的花费，愈简单愈好，因为人的欲望永远不会满足，一旦陷入，就很难自拔了。艰苦朴素不但无损我们的人格，更可以见出一个淡泊宁静的心胸，彰显一个人的内在修养。

九一

成大事功，全仗着秤心斗胆[①]；有真气节，才算得铁面铜头[②]。

【注释】 ①秤（chèng）心：谓心无偏私，公平如秤。清褚人获《坚瓠补集·秤心斗胆》载诸葛亮言："吾心如秤，不能为人作轻重。"秤，一种衡量轻重的器具。斗胆：胆如斗大。《三国志·姜维传》裴松之注引《魏晋世语》："维死时见剖，胆如斗大。"斗，形容小东西的大。

②铁面：铁铸的脸，形容人不畏权势，不徇私情。铜头：铜铸的头，形容人勇猛强悍。

【译文】 能够成大事、立大功的人，完全靠着公正无偏私的心，以及远大的胆识。真正有气节的人，才能做到不畏权势，不徇私情，勇猛强悍。

【评语】 古往今来，凡成大事的人，一是处事公正，没有私心，不徇私情，一是胆子大，敢作敢为，敢于打破常规。作为领导，如果一碗水端不平，或者盘算自己的小九九，那是无法得到下属的拥戴的；如果畏惧怕事，瞻前顾后，优柔寡断，那也是办不成什么事情的。

一个有气节的人，不会屈服于任何权势，即便处于贫困的境地，也能坚守道义，对于自己认为对的事情，敢于排除万难去做好。这样的人如果做官，必定能造福一方，因为他不惧权势，敢于为民请命。如果是个老百姓，也一定有为有守，不致作奸犯科，伤风败俗。

九二

但责己，不责人，此远怨之道也[1]；但信己，不信人，此取败之由也。

【注释】 ①远怨：远离怨恨。

【译文】 只责备自己，不责备他人，是远离怨恨的方法。只相信自己，不相信他人，是失败的主要原因。

【评语】 我们被别人怨恨，很多时候在于我们习惯于对别人求全责备，一遇到什么事没做好，总把责任推到他人头上，而不会自我反省，遑论自我批评。其实责人不如修己，我们凡事宜先从自己身上找原因，要善于自我批评，这样才能进步。一味责备别人，除了恶化人际关系，没有其他什么益处。

自信是好事，但一旦过头，就可能导致恶果。没有人永远正确，很多时候我们要学会倾听各种意见，才能纠正自己的一偏之见，针对不同情况能够采取合适的举措去处理事情。楚汉相争，项羽最终失败，刘邦能够得胜，原因之一是项羽刚愎自用，而刘邦能虚心听取萧何、韩信、陈平等人的建议。

九三

无执滞心[1]，才是通方士[2]；有做作气[3]，便非本色人[4]。

【注释】 ①执滞：固执，偏执。

②通方士：博学而通达事理的人。

③做作气：矫揉造作的虚浮习气。

④本色人：具有本来面目的人。

【译文】　没有固执滞碍的心，才是通达事理的人。有了矫揉造作的习气，便无法做真正的自己。

【评语】　凡事不宜过于执着。过于执着，就会看不到事物其他的可能性，以至于一条道走到黑。我们做人做事，还是应该通达些，洒脱些，不固执己见，不死搬教条，懂得灵活变通。这样才能在上帝为你关上一扇门的时候，能够很快找到那扇被上帝打开的窗户。

凡事不能做作。所谓做作，指为了达到某种目的或效果，逼自己去表现，这种表现并不是出自个性上的自然流露或内心的真实想法，因而所表现出来的也不是真实的自己。做作既是自欺，也是欺人。人还是要做一个真人，我就是我，哪怕有缺点，也好过那些做作的假人。

九四

耳目口鼻，皆无知识之辈，全靠者心作主人[1]；身体发肤，总有毁坏之时，要留个名称后世。

【注释】　①者心：这心。

【译文】　眼耳鼻口，都是不能够思想的东西，完全依赖这颗心来作为它们的主宰。身体肌肤，在我们死后都会腐败毁损，总要留一个好名声让后人称颂。

【评语】　人们常说，人生就是一场修行。我们要修行什么呢？最重要的是修“心”。《大学》说：“心正而后意诚，意诚而后身修。”心是主宰，一个人的心正了，一切行为也就正直而不偏失。如何修“心”？孟子认为人性本善，所以我们要存心、养心，扩充心所具有的善端，则自然能正心。而“养心莫过于寡欲”，没有分外的欲望，心才不会被蒙蔽，才能真正发挥它的主宰作用。

《孝经》说：“身体发肤，受之父母，不可毁伤，孝之始也。”但是人生有限，身体发肤迟早有毁坏的一天，所以《孝经》接着说：“立身行道，扬名于后世，以显父母，孝之终也。”古人说得好，“人死留名，豹死留皮”，为了不辜负这受之于父母的七尺之躯，我们应在有生之年有所作为，多做些有益世人的事，留下一个让后世传颂的好名声。这是最大的孝，也是不虚度的人生。

九五

有生资①，不加学力②，气质究难化也；慎大德③，不矜细行④，形迹终可疑也⑤。

【注释】 ①生资：天赋优良的资质。

②学力：努力学习。

③大德：大节。

④不矜细行：不注意生活小节。

⑤形迹：行动迹象。

【译文】 天生的资质很美好，如果不加以学习，脾气性情很难有所改进。只在大关节上留心谨慎，却不注意生活小节，到底让人对他的言行不能信任。

【评语】 “玉不琢，不成器”，一块璞玉如果不加以琢磨，它终究是一块石头，不能成为玉器。同样道理，人的天资再好，也要努力学习，才有可能成为大才。

多数人认为，做人只要大节不亏，小德有所出入，关系不大。尤其是不拘小节还可以体现所谓的豪迈大气，所以这简直是优点了。其实不然。“细节决定成败”，很多大恶大败，都是从起初的小恶积累而成的，就好比堤防上的裂痕不注意修补，最终会造成溃堤的严重后果。所以君子事事小心谨慎，生怕一不小心造成人为崩塌。

九六

世风之狡诈多端①，到底忠厚人颠扑不破②；末俗以繁华相尚，终觉冷淡处趣味弥长③。

【注释】 ①狡诈多端：形容狡猾奸诈无比，诡计很多。②颠扑不破：怎么摔打都不会破。比喻理义正当，不能改易。③趣味弥长：滋味更耐久。

【译文】 世俗的风气愈来愈流于狡猾欺诈，但最后仍是忠信敦厚的人才能立得住脚。近世的习俗愈来愈崇尚奢侈浮华，而最后还是觉得寂静平淡的日子滋味更耐久。

【评语】 现实生活中永远有两种人：一是诈伪小人，居心不良，为了谋取私利坑蒙拐骗，无所不用其极，世俗风气往往因为他们而变坏；一是忠厚君子，待人以诚，利益当前不会以私害公，看起来有点傻，现实生活中常常被小人算计，但在污浊的社会风气中他们是一股清流。搞阴谋诡计的小人会得到一些利益，但“失道寡助”，终究无法赢得大家的支持。忠厚君子会吃一些小亏，但“得道多助”，在人生的战场上自能处于不败之地。

很多人崇尚热闹，爱慕繁华，希望过得轰轰烈烈，似乎只有这样才觉得不虚此生。殊不知平平淡淡才是真，繁华热闹是一时的，也是虚妄的，就像爆竹烟花，代替不了真正值得你过的生活。老子说："五色令人目盲；五音令人耳聋；五味令人口爽；驰骋畋猎，令人心发狂。"唯有清静寡欲，摆脱外在热闹的喧扰和繁华的诱惑，在寂静中观照生活，才能领会到生活的真谛。

九七

能结交直道朋友[①]，其人必有令名[②]；肯亲近耆德老成[③]，其家必多善事。

【注释】 ①直道：指行事正直。

②令名：美好的名声。

③耆德老成：德高望重的老年人。

【译文】 能与行为正直的人交朋友，这样的人必然也会有好的名声。肯与德高望重的人亲善接近，这样的家庭必然常常有善事。

【评语】 "物以类聚，人以群分"，要观察一个人，不妨先观察他身边的朋友。一个人的朋友都是正直可靠的人，那么他自己肯定是一个具有良好声誉的人；一个人的朋友尽是些平庸乃至下流之辈，那么他自己也不会好到哪里去。

俗话说得好，"老人是个宝"。老年人见多识广，人生阅历丰富，年轻人可以从他们身上学到许多做人的道理，从而少走弯路。更重要的是，现在是老龄化社会，几乎每一个家庭都有老人需要赡养，和老人相处的问题解决不好，家庭就无法和睦。一个乐意亲近老年人的人，必定是孝顺老人的人，他的家庭也一定能逐渐兴旺，因为“家和万事兴”。

九八

为乡邻解纷争，使得和好如初，即化人之事也[①]；为世俗谈因果[②]，使知报应不爽[③]，亦劝善之方也。

【注释】 ①化人：教化他人。

②因果：谓因和果。佛教认为一切的生命形态和生活遭遇，都是过去意志行为的果，而过去意志行为则是造成果的因。

③不爽：没有失误。

【译文】 替乡里的邻居解决纷争，使他们和最初一样友好，这便是教化他人的事了。向世俗的人解说因果报应的事，使他们知道“善有善报，恶有恶报”的道理，这也是一种劝人向善的方法。

【评语】 传统社会重视乡邻关系，强调乡邻要和睦相助，所谓“远亲不如近邻”。现代社会中，乡村社会结构逐渐解体，但这种强调乡邻和睦的观念，仍可用来指导我们和他人的相处之道。譬如见到他人争吵，不抱着看热闹的心态袖手旁观，而诚恳地充当和事佬，解决纠纷。这事情虽小，也是教化人的行为。要知道，和谐社会的构筑，需要我们每一个人从自己做起，从身边小事做起。

“无所为而为善，无所畏而不为不善”，这是贤者才能做到的。一般的中下之才，必须有所奖惩，才能激励他行善，阻止他为恶，所谓“与上等人言道理，与下等人言因果”，就是这个道理。因果报应之说，有其认识的局限性，但目的是劝善惩恶，作者认为若能向人们解说因果的事，使人们明白善恶报应的道理，这也是劝人为善的方法。

九九

发达虽命定，亦由肯做工夫；福寿虽天生，还是多行阴骘[1]。

【注释】 ①阴骘（zhì）：不被人知道的德行。

【译文】 一个人的飞黄腾达，虽然是命运注定，却也是因为他肯努力。一个人的福分寿命，虽然是一生下来便有定数，仍然还是要多做善事来积阴德。

【评语】 人富贵或贫困，古人认为有天命的因素，但如果只相信天命，而不去做任何的努力，这就不是正确的生活态度了。无论生活的现状和人生的结果如何，人应该发挥自己的主观能动性，一息尚存，奋斗不止，如此才有改变命运的机会。任何成功的人，我们如果看不到他背后所付出的汗水和努力，认为他只是命好、运气好，对于他人是不公平的，对于自己是有害无益的。

天生福分虽好，若多行不义，也许今生就会尝到恶果，有什么福分可言？若有人命中原该长寿，可是他心里充满恶念，再加以纵情酒色，哪里会长命呢？因此，不管一个人天生的福寿命运如何，最重要的仍是行善，为自己和子孙积累阴德。

一〇〇

常存仁孝心，则天下凡不可为者，皆不忍为，所以孝居百行之先[1]；一起邪恶念，则生平极不欲为者，皆不难为，所以淫是万恶之首。

【注释】 ①百行：一切行为。

【译文】 心中常抱着仁心、孝心，那么天下任何不正当的行为，都会不忍心去做，所以孝是一切行为中应该最先做到的。一个人心中一旦起了邪曲淫秽的念头，那么平常很不愿做的事，现在做起来一点也不困难，因此淫是一切恶行的开始。

【评语】 一个心怀仁义的人，连蝼蚁都不忍去踩它，连草木都不忍去任意砍伐。一个有孝心的人，在做任何事之前，都会想到那样做会不会使父母蒙羞，甚至还要想，如何做才能为自己的父母增光。这样的人不可能会做出伤天害理的事。

相反，因为欲念是无穷无尽的，色欲尤其是一个人欲念之中最为强烈的，一个人一旦在“色”字上起了淫邪的念头，就什么伤天害理的事都敢去做了。

一〇一

自奉必减几分方好[1]，处世能退一步为高。

【注释】 ①自奉：自身日常生活的供养。

【译文】 自身享受必须减少一些才好，与世人相处能退一步想是高明。

【评语】 人不应过分追求物质享受，一方面是因为生活过于奢靡，沉溺酒色，会戕害自己的身心，另一方面欲望无穷，一旦放纵自己去追求物质方面的享受，结果往往导致贪腐堕落。现实生活中，营养过剩的人肥头大耳，患高血压等疾病的几率大，贪官一般生活腐化，追求及时行乐，否则也就没有贪的理由了。

和他人相处时，最忌讳的是凡事都要争。“忍一时风平浪静，退一步海阔天空”，让他一步，至少人际关系可以更和谐。我们常说：“树争一张皮，人争一口气。”其实一些闲气根本没有必要去争。有些人又认为退让是怂包蛋，很没面子，其实退一步只关乎一个人的修养与处世态度，和面子有什么关系呢？

一〇二

守分安贫，何等清闲，而好事者，偏自寻烦恼；持盈保泰①，总须忍让，而恃强者，乃自取灭亡。

【注释】 ①持盈保泰：事业到达极盛时，不骄傲自满，反能谦谨地保持着。

【译文】 能持守本分而安贫乐道，多么清闲自在，然而喜欢兴造事端的人，偏偏要自找烦恼。在事业极盛时，总要不骄不满，凡事忍让，才能保持长久而不衰退，因此仗势欺人的人，等于是自取灭亡。

【评语】 人生难得是清闲，为什么呢？因为人生在世，需要应付的差事太多了，少年时要努力学习，中年时要尽力谋生，老年时要操心儿孙，几乎得不到半分空闲。但如果我们心中不妄求，万事保持平常心，就能够将日子过得清闲自在，所谓“春有繁花秋有月，夏有凉风冬有雪。若无闲事挂心头，便是人间好时节”。

身处富泰的环境，更要谨慎谦虚，凡事以忍让为贵。因为对于富贵人家，人们的态度是复杂多样的，有因艳羡而来巴结的，也有因嫉妒而觊觎的。而且富贵人家的子弟一旦有什么过失，就会被放大。所以身处富贵，万万不可骄横，逞强欺人，这样只会招致祸患。

一〇三

人生境遇无常[1]，须自谋一吃饭本领；人生光阴易逝，要早定一成器日期[2]。

【注释】 ①境遇：环境的变化和个人的遭遇。

②成器：成为可用之器，即指有所成就。

【译文】 人生中的环境和遭遇是没有一定的，自己一定要谋求可以养活自己的一技之长，才不至受困于环境。人一生的时间短暂，很容易便逝去了，一定要及早定下远大的志向和目标，在一定的期限内有所成就。

【评语】 人生无常，谁也不能预料明天会发生什么。在无常的人生中，若想维持一个起码的生活条件，一定要学得一技之长，一可以图个人温饱，二可以养活一家人，甚至帮助他人。所以俗话才说："积财百万，不如薄技在身。"因为百万钱财可能会因为一场飞来的横祸而全部丧失，而技能一旦学会，那是任谁也拿不走的。

人生十分短暂，若不好好把握，极可能虚度年华，一事无成。所以，要及早为自己订立一个远大的志向和目标，督促自己在某个时限完成它，这样生活才有目标，有意义。即便目标没有达到，但在朝这个目标前进的过程中，你的人生并没虚度。

一〇四

川学海而至海[①]，故谋道者不可有止心[②]；莠非苗而似苗[③]，故穷理者不可无真见。

【注释】 ①川：河流。

②谋道：追求学问及人生的大道理。

③莠：妨害禾苗生长的草，像禾，俗名狗尾草。

【译文】 河川学习大海的兼容并蓄，最后终能汇流入海，所以一个人追求学问与道德的心，也应该永不止息。田里的莠草长得很像禾苗，可是它并不是禾苗，所以深究事理的人不能没有真知灼见。

【评语】 学海无涯，一个人追求知识和道德的心不应停止，而要像河流奔向大海那样不断向前，最终汇入大海。这里强调的是人要有进取心。

莠草像禾苗，但它不是禾苗。研究任何一种学问，或穷究一项事理，一定要透过似是而非的表面现象，直达事物本质。这里强调的是人要有真见识。

一〇五

守身必谨严，凡足以戕吾身者宜戒之[①]；养心须淡泊[②]，凡足以累吾心者勿为也。

【注释】 ①戕（qiāng）：损害。

②淡泊：恬淡寡欲。

【译文】 持守节操必须十分谨慎严格，凡是足以损害自己操守的行为，都应该戒除。要以宁静寡欲涵养自己的心胸，凡是会使我们心灵疲累不堪的事，都不要去做。

【评语】 孟子说："守身为大。"人身为父母所生，又禀受天地之灵气，一定要守护好，不要有任何缺失，才不辜负天地父母的孕育之恩。所以为了侍奉父母而在作战中没有冲锋在前，不算没有勇气。更进一步，我们所要守的身，不仅仅是我们的肉身，更指我们能多行善事，不为恶；遵守道义，能够杀身成仁，舍生取义。所以那些为了正义事业而抛头颅、洒热血的人，达到了守身的极致。

禅宗有句偈语说："左一布袋，右一布袋，放下布袋，何等自在!"许多事情对于我们而言，也就像布袋一般，只是负担。大部分人一辈子扛着七情六欲、儿女情长的"布袋"，永远也放不下，这样非把自己累死不可。人要放下布袋，保持淡泊的心境，不为外物所诱惑，才能活得从容自在。

一〇六

人之足传①，在有德，不在有位②；世所相信，在能行，不在能言。

【注释】 ①足传：值得让人传说称赞。

②位：地位。

【译文】 一个人为人所称道，在于他有高尚的德行，而不在于他有高贵的地位。世人所相信的，是那些能干实事的人，并不是那些嘴里说得好听的人。

【评语】 德行是立身之本，值得称扬；权位是外在的，不足为恃。

有德的人即使居于陋巷，也能教化乡里，为人们所赞颂；无德的人身居政要，反而会祸国殃民，为后世所讥诮。

能言善辩不是一件坏事，但光说不做，久而久之，就会失去世人的信任，你所说的也就变得可疑了。所以为人要言行一致，与其天花乱坠说上千言万语，还不如踏踏实实干好一件事。

一〇七

与其使乡党有誉言[①]，不如令乡党无怨言；与其为子孙谋产业[②]，不如教子孙习恒业。

【注释】　①誉言：称誉的言辞。

②产业：田地房屋等能够生利的叫做产业。

【译文】　与其让乡里的人对你称赞有加，不如让他们对你毫无怨言。与其替子孙谋求田产财富，倒不如教他们学习长久谋生的事业。

【评语】　一个人要做到让他人赞美并不是困难的事，最困难的是让别人对自己没有丝毫怨言。因为前者可能几件好事就能得到，而后者几乎是要人格完美无缺才行。一个人很难做到十全十美，也很难让每一个人都对自己满意，这里说“令乡党无怨言”，只是强调修身的重要性，强调修身要持之以恒。

无论多大的产业，哪怕是泼天的富贵，如果子孙不肖，照样可以挥霍一空。所以与其劳心劳力为子孙谋取产业，倒不如先培养他的品德，并让他学习一技之长。这才是明智的法子。

一〇八

多记先正格言[①]，胸中方有主宰[②]；闲看他人行事，眼前即是规箴[③]。

【注释】 ①先正：指先圣先贤。

②主宰：具有支配、制裁事物能力的主体。

③规箴：劝勉告诫。规，法则，章程。箴，劝告，劝诫。

【译文】 多多记住先圣先贤立身处世的训辞，心中才会有正确的主见。旁观他人做事的得失，便可作为我们行事的法则。

【评语】 先贤的格言，都是人生经验的总结。多将一些圣贤的言语记在心底，加以咀嚼、消化，我们内心便能建立一个正确的为人处世的准则，不至于被邪说蒙蔽，遇事也能依此来决定取舍之道。

我们不可能也不必要事事躬亲，对于没有经历过的事情，只看他人已有的得失，就可以把别人的教训作为自己的规劝，把他人的成功经验作为自己立业成事的激励。譬如说，看到那些嗜赌如命的人如何倾家荡产，妻离子散，自己就坚决不要赌博。

一〇九

陶侃运甓官斋[①]，其精勤可企而及也[②]；谢安围棋别墅[③]，其镇定非学而能也。

【注释】 ①陶侃（259—334）：字士行，鄱阳（今江西都昌）人。东晋时期名将。他任广州刺史时，常常早上把砖从官舍里搬出去，天黑了又搬回来，借以砥砺自己。甓（pì）：砖的一种。

②可企而及：能够做到的意思。

③谢安（320—385）：字安石，阳夏（今河南太康）人。东晋著名政治家。淝水之役，前秦苻坚起兵南下，欲灭东晋，当时人心惶惶，谢安任征讨大都督，镇定如常，闲时仍与友人在别墅下棋，最后他的侄儿谢玄大破苻坚于淝水。

【译文】 晋代名臣陶侃，在闲暇的时候，仍然运砖勤苦修习，这种精勤的态度，是我们做得到的。晋代名相谢安，在面临大敌时，仍然能和朋友从容不迫地下棋，这种镇定的功夫，就不是我们能够学得来的。

【评语】 晋代的陶侃身为广州刺史时，每天仍然运砖来修习，不使自己有一点怠惰的习惯。可见成大事业的人，无不时时刻刻鞭策自己，绝不懈怠半分。这种精勤不懈的精神值得我们学习和效法，也是我们愿意去做就一定能做得到的。

谢安在大军临境时还能安然下棋，这种镇定功夫并不是临时学就学得来的。这种镇定功夫既是胆识，也是心理谋略，有天性带来的因素，更需要经过长期的实践和磨炼。作为领导尤其需要这份镇定的功夫，这样才能处变不惊，在复杂多变的环境中抓住事物的本质特征，当机决断，做出最为合理的抉择。否则遇到事情，自己首先慌了神，整个团队就会连带受到影响，事情也就只会变得更糟糕。

但患我不肯济人，休患我不能济人；须使人不忍欺我，勿使人不敢欺我。

【译文】 只怕自己不肯去救济他人，不怕自己的能力不够。应该使他人不忍心欺侮我，而不是使他人不敢欺侮我。

【评语】　如果真的有心救助他人，并不用担心自己能力不够，没有一个人是真正毫无能力的。区别或许仅仅在于，能力大的能帮助更多的人，能力小的也可以在力所能及的范围内帮助别人。只要有心去帮助他人，就一定能帮到。帮助他人的方法很多，有钱的出钱，有力的出力，一声慰问也可以带给别人温暖。

大多数人的想法是，要想让别人不欺侮自己，就要让自己变得更强大。譬如爬上更高的职位，譬如挣上很多的钱，自己有权有势有钱，成为这个社会的强者，别人自然就不敢欺侮到自己头上来。这种想法不能说错，但显然不是最好的。最好的法子是修养自己的德行，成为一个有道德、能感化人的人，让别人不忍心欺侮自己。所以为人处世，与其让人惧怕你，不如让人敬爱你；与其以威势刑名来压制人，不如以美德来感化人。

一一一

何谓享福之人？能读书者便是。何谓创家之人[1]？能教子者便是。

【注释】　①创家：创立家业。

【译文】　什么叫作能享福的人呢？能够安心读书的人就是。什么叫作创立家业的人呢？能够教育出好子弟的人就是。

【评语】　懂得读书乐趣的人，才是真正能享福的人。书本并不是我们的生活必需品，但对于我们的精神来说，书本是良师益友，会为我们打开另一个世界。这个世界自有另一番天地，随时供你遨游，而完全没有世俗世界的各种牵绊。这个世界会让你的心灵愉悦，精神自由，触摸更多的可能。

能把孩子教好的人，才是真正的创家立业者。否则你前脚挣下一份家业，不肖子弟后脚就把它败光。历史上很多名门大族，都是祖先几代忠孝勤俭才能成就的，不肖子孙往往只需一两个，不消几年就可以败坏祖宗基业。所谓“成立之难如升天，覆坠之易如燎”。

一一二

子弟天性未漓[①]，教易入也，则体孔子之言以劳之，爱之能勿劳乎[②]？勿溺爱以长其自肆之心[③]。子弟习气已坏，教难行也，则守孟子之言以养之，中也养不中，才也养不才[④]。勿轻弃以绝其自新之路。

【注释】 ①未漓：尚未变得浇漓。漓，浅薄。

②爱之能勿劳乎：出自《论语·宪问》，意思是说：爱他能不让他勤劳吗？劳，勤劳。

③溺爱：过分宠爱。自肆：自我放纵。

④中也养不中，才也养不才：出自《孟子·离娄下》，意谓品德修养好的人教育熏陶品德修养不好的人，有才能的人教育熏陶没有才能的人，

【译文】 当子弟的天性尚未受到社会恶习感染，而变得浇漓时，教导他是不难的，因此应以孔子“爱之能勿劳乎”的方式去教导他，而不要过分溺爱，增长了他自我放纵的心。当子弟习性已经败坏，不易教导时，要依孟子“中也养不中，才也养不才”的方式教他，不要轻易地

放弃，使他失去了自新的机会。

【评语】　真正懂得爱孩子的人，是爱之以方，而不是溺爱。《国语·鲁语下》说：“夫民劳则思，思则善心生；逸则淫，淫则忘善，忘善则恶心生。”因此在子弟还保持着纯朴的心时，要注重培养他吃苦耐劳的精神，这会让子弟受用无穷。相反，过分宠爱只会害了孩子一辈子，所谓“溺爱出败子”，生来娇生惯养的人一般是成不了气候的。

“中也养不中，才也养不才”，是指有合乎中道的父兄来教育子弟，使他归于中道；有才的教导无才的，使他自觉自发。子弟就如长偏的小树，要由父兄像直木一般地去矫治他，千万不要轻易放弃，使他任意生长，那就更要长偏斜了。没有管教不好的子弟，只有不会管教的父兄，所以做父兄的，不要轻易放弃习气已坏的子弟，同时端正自己的行为，身教为先。

一一三

忠实而无才，尚可立功，心志专一也；忠实而无识，必至偾事①，意见多偏也②。

【注释】　①偾（fèn）事：败坏事情。

②偏：偏执。

【译文】　一个人竭心尽力，虽没有什么才能，只要专心于工作，还是可以立下一些功劳。一个人忠心卖力，却没有什么见识，必定会产生偏执的意见，而将事情弄砸。

【评语】　唐刘知几认为一个优秀的史学家，必须具备才、学、识三长，才是才情，学是知识储备，识是见识观点。清刘熙载认为三者之中，识最为重要。所以一个忠实可靠的人，如果缺乏才情学识，只要他专心于一件事，还是可以做出一些成绩的；如果缺乏见识，就会被偏见蒙蔽，那是做不成事情的。这就好比登山，力气小一点，或腿脚不灵便，只要认准目标，坚持下去，总有登上山顶的时候。反之，如果连山在哪里都搞错方向，那么纵使身轻如燕，健步如飞，也只能离山顶越来越远。

一一四

人虽无艰难之时，要不可忘艰难之境；世虽有侥幸之事[①]，断不可存侥幸之心。

【注释】 ①侥幸：意外成功。

【译文】 人即使在处于顺境的时候，也不可忘却人生还有逆境的存在。世上虽然偶然会有意外成功的例子，但是心中不可抱着非分企求的想法。

【评语】 “人无远虑，必有近忧”，即便身在顺境中，也要对未来可能发生的坏事做一些准备，才不至于事到临头，仓皇失措。所谓“宜未雨而绸缪，毋临渴而掘井”，我们应当在还没有下雨的时候，预先把房子修好，门窗安结实；要事先把井挖好，如果拖到觉得口渴的时候，再开始挖掘水井就来不及了。

侥幸是偶然的，人不能将偶然当作必然，否则就会像守株待兔的宋人一样，以为天天能捡到撞死在树桩上的兔子，结果把田园都荒废了。我们做事如果心存侥幸，便无法认真地做事，也就做不好事。

一一五

心静则明，水止乃能照物；品超斯远[①]，云飞而不碍空。

【注释】 ①品超斯远：品格高超则能远离世事的纠缠。斯，乃，就。

【译文】 心能寂静则自然明澈，就像静止的水能倒映事物一般。品格高超便能远离物累，就像飘浮的云朵不能遮蔽天空一般。

【评语】 就像湖水平静才能映照万物一样，人只有抛弃物欲，扫荡名利，使心归于清静，才能修身养性，正己正人。人在认识、判断、裁夺事物时，一旦夹杂个人名利等私欲的考虑，就很难做到公开、公平、公正，于是导致纷争，加深矛盾，既损人，也损己。

就像飘浮的云朵不能遮蔽天空一样，品格高超的人，不受情欲爱恋的牵累，因此能够超脱于事物之外来观照事物。“人到无求品自高”，人应该斩断欲根，保持一种宁静超然的心境，不断进修德业，才能完善自我，成为一个大写的人。

一一六

清贫乃读书人顺境，节俭即种田人丰年[①]。

【注释】 ①丰年：米谷收成丰盛的年头。

【译文】 对于读书人来说，清寒贫苦是称心如意的境况。对于种田的人来说，省吃俭用无异于丰收的年头。

【评语】 君子能够安贫乐道，颜渊一箪食、一瓢饮，犹不改其乐。对于读书人来说，清贫不是跨不过去的坎，一方面因为书中自有乐趣，他们并不以清贫为苦，另一方面清贫能磨砺其心志，有助于他们进德修业。相反，很多时候做官与富贵成为读书的障碍，因为做官事务繁冗，没有时间和心境读书；富贵则志得意满，比较容易懈怠。

种田人家不能保证年年都有丰收，因为并非年年都能风调雨顺。但若是平常俭约，而有所积蓄，即使年成欠收，亦能衣食无虞，岂非与丰年无异？倘若不能节俭，日日浪费，即使年年丰收，又何异于年年欠收？

一一七

正而过则迂[①]，直而过则拙，故迂拙之人，犹不失为正直。高或入于虚，华或入于浮，而虚浮之士，究难指为高华[②]。

【注释】 ①迂：不通世故，不切实际。

②高华：指才华出众和地位显贵。

【译文】 做人太过方正则容易不通世故，行事太过直率则显得有些笨拙，但这两种人还不失为正直的人。立意过高有时会成为玄想，重视华美有时会流入浮夸，这两种人到底不能说是真正高贵出众的人。

【评语】 为人方正有时难免显得迂腐，不知变通；为人正直有时难免显得笨拙，不够聪明。而说到底，这样的人仍旧值得我们尊敬。因为这样的人本质上是正直的人，哪怕有点过头，却既不可笑，也不可耻。比起那些只求变通而失正直、处处逞小聪明算计他人的人，他们更加可爱可敬。人若不能外圆内方，宁可外方内方，总不要外圆内也圆，一点脚跟都没有。

任何想法总要以能实现为准，若是不能实现，便是虚妄。虚妄的想法即使再美妙，再高明，也只是空想，是一种假象，无法带给我们真正美好的事物与发自内心的赞叹。所以那些不切实际、虚浮无根的人，很难得到他人的认同。

一一八

人知佛老为异端①，不知凡背乎经常者②，皆异端也；人知杨墨为邪说③，不知凡涉于虚诞者④，皆邪说也。

【注释】 ①佛老：佛家和老庄思想的统称。异端：和传统道德思想，尤指和儒家思想相违背的邪说或人。

②背：违背。经常：常道，常法。

③杨墨：指杨朱和墨翟。杨氏为我，墨氏兼爱，儒家皆视为异端。

④虚诞：虚伪荒唐。

【译文】 人们都认为佛家和老子的学说不同于儒家的正统思想，然而却不知凡是于常理有所不合的，都有悖于儒家思想。人们都知道杨朱和墨子的学说是旁门左道，却不知只要涉及荒诞虚妄的内容，都是不正确的学说。

【评语】 异端是相对于正统来说的。中国自汉代独尊儒术以来，儒家思想逐渐成为正统，所以佛教和黄老学说被视为异端。这是人人都知道的。作者进一步说，凡是不合乎儒家思想、不正确的东西，都是异端。其实异端并不涉及正确与否，佛教、黄老学说也有很多有价值的思想，而无数历史事实也说明，有时候异端思想能改变人的认知，推动社会进步。作者的这一观点有其历史局限性，我们应该加以辨别。

杨朱与墨子的学说被孟子斥为邪说，因为在孟子看来，杨朱无君，墨翟无父。这也是人人都知道的。作者进一步说，凡是谬误百出、荒诞不经的说法，都属于邪说。邪说的界定，就像异端一样，会随着时代的发展而变化，对此我们要用历史唯物主义的眼光去分析。譬如杨朱、墨翟提出的一些观点至今仍有价值，而有些在当时看来荒诞不经的想法和说法，最后被证实是正确可行的。

一一九

图功未晚[1]，亡羊尚可补牢[2]；浮慕无成[3]，羡鱼何如结网[4]。

【注释】 ①图功：谋求建立功业。

②亡羊尚可补牢：丢失了羊，就赶快修补羊圈，还不算晚。语本《战国策·楚策四》："臣闻鄙语曰：'见兔而顾犬，未为晚矣；亡羊而补牢，未为迟也。'"比喻犯错后及时更正，尚能补救。牢，羊圈。

③浮慕：凭空羡慕，不去努力。

④羡鱼何如结网：站在水边希望得到鱼，不如回家编好渔网再来。语本《淮南子·说林训》："临河而羡鱼，不如归家结网。"比喻只有愿望而没有措施，对事情毫无益处。

【译文】 想要有所成就，任何时候都不嫌晚，因为就算羊跑掉了，及早修补羊圈，事情还是可以补救的。光羡慕而不努力是于事无补的，希望得到水中的鱼，不如尽快地结网。

【评语】 任何事只要去做，都没有太晚的时候，只怕无心去做，或是没有改进之心。晚做总比不做好，能改总比不改好。

许多人只看到他人的成功，而看不到他人的努力，只知羡慕嫉妒，而不知及早奋起。这是没出息的举动。事在人为，就看有没有付出相当的努力。否则，徒然站在池边看鱼，是永远也抓不到鱼的。

一二〇

道本足于身，切实求来①，则常若不足矣；境难足于心，尽行放下②，则未有不足矣。

【注释】 ①切实：踏踏实实，实实在在。

②尽行：完全。

【译文】 真理原本就存在于我们的自性之中，如果踏踏实实去追求，仍然会感到不足。外在的事物很难满足人心中的欲念，倒不如全然放下，那么也就不会觉得不足了。

【评语】 儒家讲人本来具有天生的良知良能，后天的功夫，乃在于使这些良知良能不受到蒙蔽而显现出来。佛家讲佛性自足，一切的修行乃在于使我们见到本来面目。这后天的功夫以及修行，容易让人产生错觉，好像是本来不足，所以才有所追求。其实这是颠倒了本末内外的关系。

外在之物难以使我们感到满足，因为人心不足蛇吞象。世人舍弃内在本有的，转而向外求取，终日躁进，不得宁静，反而连内在本有的也失去。所以我们应该懂得放下，放下对外在之物的执念，转向内心修行，就如镜之洁净，一无所染，那么还有什么不完美的呢？

一二一

读书不下苦功，妄想显荣，岂有此理？为人全无好处，欲邀福庆[①]，从何得来？

【注释】　①福庆：幸福，福分。

【译文】　读书不下功夫苦读，却非分地想要显达荣耀，天下哪里有这种道理呢？做人对他人毫无好处，却妄想得到福分，又能从哪里得来呢？

【评语】　一个人的显达，无非是能力比他人强，而能力又由学习而来，既不能下功夫苦读，拓展自己的知识领域，又不能行万里路，增广自己的见闻，想要显达荣耀，纯属空谈。现代社会专业化趋势更加明显，哪一行业不需要专门的知识呢？无知识而想要成大事立大业，只是痴人说梦罢了。

佛家讲因果报应，所谓“欲知前世因，今生受者是，欲知后世果，今生作者是”。福庆并非凭空而来，而在于自身的所作所为。如果所行是善，则种下善因，自然有善果，得到福分；如果所行不善，则种下恶因，自然结恶果，招致灾祸。

一二二

才觉已有不是，便决意改图[①]，此立志为君子也；明知人议其非，偏肆行无忌[②]，此甘心为小人也。

【注释】　①改图：改变方向，变更计划。

②肆行无忌：放肆胡为而无所顾忌。

【译文】　刚刚觉得自己有什么地方做得不对，便毫不犹豫地改正，这就是立志成为一个正人君子的做法。明明知道有人在议论自己的缺点，偏要放肆胡为而无所顾忌，这便是自甘堕落为小人的行为。

【评语】　这里强调的是反省改过。无论是君子还是小人，都不可能没有过失。区别在于，君子时刻保持警惕，三省吾身，一有偏差，便能立刻觉察，并加以改正；小人即便过错已显现于外，众人都加以指正，他犹不悔改，甚至肆无忌惮，一错再错。

一二三

淡中交耐久，静里寿延长。

【译文】　平淡相交，友谊能维持很久。平静度日，寿命必定绵长。

【评语】　“人间有味是清欢”，相比大鱼大肉，春天的蔬笋无异人间至味，其鲜美令人难忘。君子之间的交往，平平淡淡，宠辱不惊，不夹杂任何利益关系，因而能够长久。小人交往，则往往首先考虑权势财货，时过境迁，友谊也就不复存在了。

静是指心灵之静。心静自然气平，不逐外物，不为欲乱，所以能延年益寿。躁进的人，贪名求势，患得患失，劳心伤神，只能戕害身心，多半享寿不永。

一二四

凡遇事物突来，必熟思审处，恐贻后悔；不幸家庭衅起[①]，须忍让曲全，勿失旧欢。

【注释】 ①衅（xìn）：缝隙，感情上的裂痕。

【译文】 遇到突发的事情，一定要仔细思考，慎重处理，以免遗留悔恨；家人之间不幸有了感情上的裂痕，必须尽量忍让，委曲求全，不要连过去的欢好也失去。

【评语】 处理任何事情都要深思熟虑，突发事件的处理尤其应如此。一件事情突然发生，我们一时半会不熟悉，贸然采取举措的话，很少不出差错的。当然，很多时候突发事件容不得延误，需要马上做出判断，这更加说明平时凡事“三思而后行”的重要。因为只有平时多思，锻炼了处理事情的能力，一旦有紧急情况发生，应对起来就能胸有成竹，至少也可以把损失降到最低。

张公艺九世同居，唐高宗问他怎么做到和睦相处，张公艺写了一百多个“忍”字。可见忍让对于一个家庭的和睦是多么重要！一个家庭中，有老有少，有长有幼，观念想法不同，脾气性格也不一样，相互之间自然有小矛盾。如果任何小事都去计较是非曲直，势必引发无谓的争吵，家庭就很难和睦。但“忍”字心上一把刀，不是那么容易做到。家庭成员之间的相处，凡事先宜反省自己，不无端责备他人，也就不容易起争端了。

一二五

聪明勿使外散，古人有纩以塞耳[①]，旒以蔽目者矣[②]；耕读何妨兼营，古人有出而负耒[③]，入而横经者矣[④]。

【注释】 ①纩（kuàng）：填充衣服的新丝绵。

②旒（liú）：古代帝王礼帽前后悬垂的玉串。

③负：用肩扛着。耒（lěi）：耕地用的农具。

④经：经书。

【译文】 聪明的人要懂得收敛，古人曾有用棉絮塞耳，以帽饰遮眼来掩饰自己聪明的举动。耕种和读书可以兼顾，古人曾有日出扛着农具去耕作，日暮手执经书阅读的行为。

【评语】 古人教人聪明不可外露，曾有以棉花塞住耳朵、以帽檐饰遮目光，从而掩饰自己聪明的举动。那些胸有大志、才能卓越的人，往往善于韬光养晦，等待时机，最终能实现自己的理想。那些有点小聪明的人，逞才露己，招致嫉恨，最后吃尽苦头，误了终身。

古人以耕读传家，两者原本就不相妨碍，反而能相辅相成。耕所以养身，读所以养心，有耕有读，才是一个有心有力的人。四体不勤，五谷不分，连孔子都会被人讥笑。而不学无术，粗鄙不文，在现代社会也难以立身。

一二六

身不饥寒，天未尝负我；学无长进，我何以对天？

【译文】　身体没有受到饥饿寒冷的痛苦，这是天不曾亏待我。若是我的学问无所增长进步，我有什么颜面去面对天呢？

【评语】　无灾无病，不冻不饥，便是幸福，便是上天待我不薄。如果不能力思上进，报答父母，服务社会，岂不令人惭愧？尤其是读书人，不直接生产衣食，他所能贡献的便是他的学问知识，如果不能在这方面下功夫，有所长进，那怎么有脸面立足于天地之间？

一二七

不与人争得失，惟求己有知能[①]。

【注释】　①知能：智慧和才能。

【译文】　不和他人去争夺名利上的成功或失败，只求自己能增长智慧与才能。

【评语】　人生在世，不是为了证明自己比别人强，更不用说去和别人争是非曲直、名利权势。是非得失，名利权势，都是一时的、短暂的。人生是一个自证自悟的过程，应该不断修养自己的品德，增长自己的智慧，提高自己的能力。这是比“与人争得失”更重要的事情。

一二八

为人循矩度[①]，而不见精神，则登场之傀儡也[②]；作事守章程，而不知权变[③]，则依样之葫芦也[④]。

【注释】 ①矩度：规矩法度。

②傀儡（kuǐ lěi）：受人在幕后操纵的木偶。比喻徒有虚名，没有主见，甘心任人操纵的人或组织。

③权变：随机应变。

④依样之葫芦：照着真葫芦的样子画的葫芦。比喻一味模仿，毫无创见。

【译文】 如果为人只知依着规矩做事，而不知规矩的精神所在，那么就和戏台上的木偶没有两样。做事如果只知墨守成规，而不知随机应变，那么只不过是照样模仿罢了。

【评语】 “没有规矩，无以成方圆”，规矩和章程当然很重要。但规矩和章程是人制订的，其背后必有其意义存在，如果徒知规矩而不知立规矩的本意，死守章程而不知变通，往往在执行规矩时连本意也扭曲，也就做不成事情了。毕竟，规矩章程有一定的弹性和适用范围，人也是活的，应该根据实际情况做灵活变通。

一二九

山水是文章化境[①]，烟云乃富贵幻形。

【注释】 ①化境：原指精妙超凡的境界。这里指幻化出来的境界。

【译文】 文章就如同山水一般，是幻化的妙境。富贵就如同烟云一样，是虚无的影像。

【评语】 “文章千古事”，优美的文章，历经千百年仍能唤起人们心灵的感动，就如优美的山水一般，永远可以让人心驰神往，陶冶人的情操。而富贵再长久，亦不过百年，即烟消云散，不足为凭。

一三〇

郭林宗为人伦之鉴[①]，多在细微处留心；王彦方化乡里之风[②]，是从德义中立脚。

【注释】 ①郭林宗（128—169）：郭泰，字林宗，太原介休（今属山西）人。东汉名士，生平好品题人物。人伦之鉴：这里指察鉴、评述人的流品。

②王彦方（141—219）：王烈，字彦方，太原（今属山西）人。

【译文】 郭泰鉴察、评述人的流品，往往在人们不易注意之处留意。王烈教化乡里风气，总是以道德和正义为根本。

【评语】 考察、评价一个人，或者取其才干，或者取其操守，其大要是看他的心术如何，也要看他平日的言行举止，再结合细微、容易忽略的地方加以印证，基本上就可以心中有数了。

教化一事，首先在己身之德足以感化人，己身之义足以教育人。否则即使处于高位，也无法很好地尽到教化之责。在王彦方的乡里，有一个人因盗牛被捕时说：“刑戮所甘，但勿使王彦方知之。”可见王彦方以德义立身，才可以使盗匪有羞耻之心。

一三一

天下无憨人①，岂可妄行欺诈？世上皆苦人，何能独享安闲？

【注释】 ①憨人：愚笨的人。

【译文】 天下没有真正的笨人，哪里可以任意地去欺侮诈骗他人呢？世上大部分人都在吃苦，怎能独自享受闲适的生活呢？

【评语】 自以为聪明的人，总会把别人看作傻瓜，结果聪明反被聪明误，你以为对方是猪，不料对方是扮猪吃老虎。人和人相交，贵在真诚，不能妄图欺骗别人。现实生活中骗子很多，他们骗人钱财，表面上有收获，其实损失也不小。因为他们丧失人格信誉，不为人所信任，触犯了法律，还要受到法律的制裁。

人生皆苦，人间的种种苦难，都与“我”有关，因为“我”是人间的一分子。所以看到别人受苦，自己是不忍心独享安逸的。圣贤则更进一步，有“先天下之忧而忧，后天下之乐而乐”的胸怀，有解救众生苦难的志向，所以地藏王菩萨发下弘誓大愿：“众生度尽，方证菩提，地狱未空，誓不成佛。”这里强调的是一种悲悯心，对他人苦难的一种同理心。

一三二

甘受人欺，定非懦弱[①]；自谓予智，终是糊涂。

【注释】 ①懦弱：胆怯怕事。

【译文】 甘愿受人欺侮的人，一定不是懦弱的人。自认为很聪明的人，终究是糊涂的人。

【评语】 天下没有愿受人欺侮的人，兔子急了也会咬人。真正打不还手、骂不还口的人，除去无知无觉的人，大概只有圣人和胸怀大志的人了。韩信受胯下之辱，谁能说他是懦夫呢？不逞血勇之气，不争一时闲气，正是韩信的大智大勇。

自谓聪明的人，往往见不到自己的糊涂处，因为他太过自信。杨修自恃聪明，但他不懂自抑，也不识曹操的为人，在曹操面前逞弄才智，也就难免杀身之祸了。

一三三

谩夸富贵显荣[①]，功德文章，要可传诸后世；任教声名烜赫[②]，人品心术，不能瞒过史官[③]。

【注释】 ①谩夸：空自夸赞。谩，通“漫”。

②任教：任凭，尽管。烜（xuǎn）赫：盛大显赫。

③史官：专门记录和编撰历史的官员。

【译文】 徒然地夸耀财富和地位，也该有值得留传于后代的功业或文章才是。尽管声名盛大显赫，个人的品行和居心是无法欺骗记载历史的史官的。

【评语】 一个人的富贵显荣，仅及于身；而功德文章，却能泽及后世。仅及于身的事，即使再显达，也不过昙花一现，于他人而言，与草木何异？人生的价值并不是在于富贵显荣，而在于生前是否有益于世，死后能否遗教于后。

“历史是人民写的”，历史的评价不以少数人的意志为转移。秦始皇吞并六国，统一天下，声威岂不煊赫？但他焚书坑儒，杀人无数，其暴虐岂能逃过史官之笔诛？曹操横槊赋诗，雄才大略，当时何等踌躇满志！但他虽不行篡汉之事，仍逃不脱篡汉之名。一个人哪怕权势滔天，死后又岂能阻塞悠悠众口？

一三四

神传于目，而目则有胞[①]，闭之可以养神也；祸出于口，而口则有唇，阖之可以防祸也[②]。

【注释】 ①胞：这里指上下眼皮。

②阖（hé）：关闭。

【译文】 人的精神往往由眼睛来传达，而眼睛则有上下眼皮，合起来可以养精神。祸事往往由说话造成，而嘴巴有两片嘴唇，闭起来就可以避免闯祸。

【评语】 人的眼睛有眼睑，是为了闭目养神，让心灵得到休憩。

俗话说得好，“眼不见，心不烦”，有些事看了徒然扰乱我们的心，这个时候，倒不如把眼闭上来得清静些。所谓闭目养神，还有观照自我以反省的意思。

人的嘴巴有嘴唇，是为了少言寡祸。孔子说：“君子于其言，无所苟而已矣。”君子要言行谨慎，该讲的话才讲，不该讲的话就闭嘴不讲。阮籍不交世事，口不臧否人物，这是值得学习的。

一三五

富家惯习骄奢，最难教子；寒士欲谋生活[1]，还是读书。

【注释】 ①寒士：出身低微的读书人。

【译文】 有钱人习惯奢华自大，要教好孩子便成为困难的事。出身低微的读书人想要讨生活，还是要靠读书。

【评语】 唐代的柳玭指出，门第高，可畏不可恃，可畏是因为一件事情有违先训，则罪大于他人；不可凭恃是因为容易自骄自满，且招人嫉恨，做得好别人未必信，稍有差错则为人唾弃。所以作为富贵人家的子弟，修己不得不恳，为学不得不坚。富贵人家的子弟不好做，这从侧面说明富贵人家的父兄也不好当。富贵人家过惯骄奢的生活，子弟面对的诱惑多，父兄要教育出好子弟，不是不可能，但困难比较大。

读书人往往是穷的，因为他不妄求非分之财，不愿用不正当的手段去获取金钱。然而读书人的穷只限于开始，因为书读了是要用的，在用的过程中自然能挣得一已酬劳。当今社会时不时流行一阵读书无用论，这是没有道理的。知识就是力量，书读得愈多愈好的人，往往成功的几率更大。对于绝大多数的寒门子弟来说，你的人生不能拼爹妈，没有关系和背景，努力读书是最好的选择。

一三六

人犯一“苟”字[1]，便不能振；人犯一“俗”字，便不可医。

【注释】 ①犯：触发，发作。苟：随意，粗率。

【译文】 人只要有了随便的毛病，这个人便无法振作了。人的心性一旦流于世俗，就是用药也救不了了。

【评语】 苟且是安于现状，得过且过，是对生命的浪费。苟且是马虎草率，是一种生命的低能。一个苟且的人，基本上难以振作起来，也难有大的作为。

黄庭坚说：“人家子弟，可百不能，唯俗不可医也。”意思是说一个人可以什么都不会（因为不会可以学），但一旦俗了，就没法子补救。所谓俗，指一个人精神的境界不高，甚至无精神生活可言。人活着如果没有精神方面的生活和追求，就形同行尸走肉，不可救药。

一三七

有不可及之志，必有不可及之功；有不忍言之心[1]，必有不忍言之祸。

【注释】 ①不忍言：发现错误而不忍去指责、纠正。

【译文】 一个人有旁人所不能及的志向，必然能建立旁人所不能及的功业。若发现错误而不忍心去指责、纠正，那么必然会因为不忍心去说而造成祸害。

【评语】 晋嵇康说："人无志，非人也。"一个人还是需要一点志向的。如果没有志向，就不会奋发向上，也必定成不了大事。有的人志向大，有的人志向小，一般来说，志向大的人不见得能成大功，但志气小的人肯定成不了大功，格局摆在那里，人的格局决定了他的成就。

古人说："当面规过，退毋后言。"强调的是不在背后议论人的过失，但当面指出别人过失以期改正的做法，则是可贵的。朋友之间能劝善规过，才是益友。臣下敢于进谏指出君主的过失，才是忠臣。如果碍于情面或其他原因不忍心指出别人的过错，那么小错有可能铸成大错。

一三八

事当难处之时，只让退一步，便容易处矣；功到将成之候，若放松一着①，便不能成矣。

【注释】 ①着：下棋时下一子或走一步。

【译文】 事情遇到了困难，只要能够退一步想，便不难处理了。一件事将要成功之时，只要稍有懈怠疏忽，便不能成功了。

【评语】 一件事情难以处理，客观上有事情很难的原因，主观上也有做事的人暂时没有找到正确方法的原因。无论是哪一种情况，让退一步，是一项不错的选择。让退一步不是回避问题，而是为了寻找更好的解决方法。

快做成一件事的时候，是很容易出纰漏的，因为人往往容易在最后关头松懈。所谓"为山九仞，功亏一篑""一子之失，全盘皆输"，都是非常令人惋惜的事情。要想事情成功，唯有勇往直前，坚持不懈，不达目的不罢休。

一三九

无财非贫，无学乃为贫；无位非贱，无耻乃为贱。无年非夭，无述乃为夭[①]；无子非孤[②]，无德乃为孤。

【注释】 ①述：称述。

②孤：幼而无父。这里指孤独、被孤立。

【译文】 没有钱财不算贫穷，没有学问才是真正贫穷。没有地位不算卑下，没有羞耻心才是真正的卑下。活不长久不算短命，没有值得称述的事才算短命。没有儿子不算孤独，没有道德才是真正的孤独。

【评语】 钱财并不能代表一个人的贫富。有钱并不意味着富有，很多人“穷得只剩下钱”；没钱也不是贫穷，很多人安贫乐道，学富五车。真正的贫穷是没有学问，精神世界空洞无物。同样道理，低贱和是否身居高位无关。不在高位并不意味着低贱，很多底层人物更具同情心，精神高贵；身居高位也不必然高贵，很多身居高位的人一肚子男盗女娼，品行卑污。真正的低贱是没有羞耻之心，毫无原则，突破伦理底线。

衡量人的生命价值，并不在寿命的长短。活得不长，但能实现立德、立言、立功之一，泽被后世，也就不算短命。譬如颜渊、王弼、王勃这样的人物，虽然早死，但至今犹为人称道，可称不朽。活得够长，但生而无益，死而无称，甚而所言所行，千夫所指，可谓“老而不死是为贼”。“老而无子曰独，幼而无父曰孤。”儿孙满堂，安享天伦之乐，这当然是好事。如果没有子孙，而道德高尚，得到众人的亲近拥戴，也就不孤独。反之，如果没有道德，即便有子孙，子孙也会弃之不顾。

一四〇

知过能改，便是圣人之徒；恶恶太严[①]，终为君子之病。

【注释】　①恶恶：前“恶”作动词解，指厌恶。后“恶”作名词解，指恶事恶人。严：激烈。

【译文】　知道过错而能加以改正，便是圣人的门徒。憎恶恶人恶事太过严厉，终会成为君子的过失。

【评语】　知过能改并非易事。首先要有反省意识，人不反省，就谈不上知过。其次要能明辨是非，知道哪些是对的，哪些是错的。再次，要有改正的勇气和毅力。知过而不能改，则仍不能算知过。过有大有小，改过有难有易，而人性又是如此幽微，所以能知道自己的过失，愿意去改并且最终能改正的人，可以称得上圣人的门徒。

君子教人，不当以攻为能事，而当以改为目的。恶人恶事，君子不容，但规诫不宜过于严厉，要考虑到对方的承受能力，才有益于对方改正。人皆有善性，君子教导恶人，更要善加诱导。徒事攻击，只会增加自己的偏执，堵塞他人的自新之路，终究是君子之过而非君子之德了。

一四一

士必以诗书为性命[①]，人须从孝弟立根基[②]。

【注释】　①性命：生命。

②孝弟（tì）：孝顺父母，友爱兄弟。弟同“悌”。根基：品行。

【译文】　读书人必须视诗书为生命，为人要从孝顺父母、友爱兄弟上树立品行。

【评语】　不管从事什么职业，都要忠于职守。农民就要耕种田地，做工的就要制作器具，商人就要互通有无，读书人就要诵读诗书。

孝悌为立身之本，百行之先。做人要由最基本的孝悌做起，自然能逐渐推广到“老吾老以及人之老，幼吾幼以及人之幼”的境界。

一四二

德泽太薄①，家有好事，未必是好事，得意者何可自矜？天道最公，人能苦心，断不负苦心，为善者须当自信。

【注释】　①德泽：德惠恩泽。

【译文】　自身的品德不高，恩泽不厚，即使家中有好事降临，未必是真幸运，得意的人哪里可以自认为了不起呢？上天是最公平的，人能尽心尽力，一定不会白费，做好事的人尤其要有自信。

【评语】　老子说：“祸兮福之所倚，福兮祸之所伏。”祸与福互相依存，可以互相转化。好事降临，如果己身之德不配，那么好事未必真是好事，很可能引来祸事。一个明智的人，得意的时候不自我夸耀，失意的时候不自甘堕落。

为人行善积德，但求无愧于心，而不必考虑能不能得到福报。上天是公正仁慈的，一定不会辜负做善事的人。

一四三

把自己太看高了，便不能长进；把自己太看低了，便不能振兴。

【译文】　把自己评估得过高，便不会再求进步。把自己评估得太低，便会失去振作的信心。

【评语】　一个人对自己要有正确的认识。自高自大，自卑自惭，都不足取。把自己看得过高，容易骄傲自满，看不到自己的缺点，也不会去学习别人的优点，就不能有所进步。把自己看得过低，容易灰心丧气，画地为牢，丧失积极进取的意识。

一四四

古今有为之士，皆不轻为之士；乡党好事之人，必非晓事之人①。

【注释】　①晓事：明达事理。

【译文】　古往今来凡有所作为的人，绝不是那种轻率做事的人。乡里凡是好管闲事的人，往往是什么事都不甚明白的人。

【评语】　人生有限，值得做的事情很多，而值得做的事之间也有轻重缓急。能够有所作为的人，必定是以有限的时间精力投入到认准的事情上，不以有用之身去做无益之事。

懂得事理的人，绝不会播弄是非，造谣生事。乡里那些好事之徒，一般不明白什么道理，囿于见闻，也因为只顾及自身的蝇头小利，常常会为一些鸡毛蒜皮的小事争论不休。

一四五

偶缘为善受累[1]，遂无意为善，是因哽废食也[2]；明识有过当规[3]，却讳言有过，是护疾忌医也[4]。

【注释】 ①缘：因。

②哽（gěng）：食物阻塞在喉不能下咽。

③当规：应当纠正。

④护疾忌医：对疾病有所回护，不愿让人知道，不肯就医。后比喻掩饰过失而不愿听人规劝。

【译文】 偶尔因为做善事受到连累，便不再行善，这就好比曾被食物堵住喉咙，从此不再进食一般。明明知道有过失应当纠正，却不肯承认，这就如同生病怕人知道而不肯去看医生一样。

【评语】 一个人做善事，需要甘于付出，有时还需要面对别人的质疑和误会。如果竟然因此而不再为善，那实在是不明白为善的本意。善之一念，只在自心，为善也只是完善自我，本无他求，质疑、误会乃至利益损失，都不足以动摇为善的信念。

有了过失就要去改，就像有了疾病就要医治一样。这不需要忌讳。小病不及时医治，可能拖延成大病；小过不及时去改，可能积累成大过。天下没有不能面对的事，就怕自己不敢面对；天下也没有不能改的过失，就怕自己不下决心去改。

一四六

宾入幕中[①]，皆沥胆披肝之士[②]；客登座上，无焦头烂额之人[③]。

【注释】 ①宾入幕中：被允许参与事情的计划，并提供意见的人。又指纳入心中的朋友。

②沥（lì）胆披肝：滴沥胆汁，披露心肝。比喻坦诚相待，忠贞不二。沥，液体一滴一滴地落下。披，披露、打开。

③焦头烂额：形容救火时被火烧灼致伤。典出《汉书·霍光传》："今论功而请宾，曲突徙薪亡恩泽，焦头烂额为上客耶？"意思是说，现在根据功劳而宴请宾客，建议改为弯烟囱、搬开柴草的人其实功劳最大，不去邀请，反而让救火时皮肤被烧烂的人坐在上首？

【译文】 凡被自己视为可信任的朋友而与之商量事情的人，一定是能与自己坦诚相待、肝胆相照的人。能够被自己引为上座的人，必然是能够预先规谏自己缺点、防患于未然的人。

【评语】 能坦诚相待、相互扶持的人，才能引以为知己。能够事先直言指出我们的过失、让我们避免更大损失的人，可以成为我们的座上客。这里谈论的是交友之道。王阳明《客座私祝》说："但愿温恭直谅之友来此讲学论道，以孝友谦和训我子弟，不愿狂躁惰慢之徒来此博弈饮酒，以骄奢淫荡诱我子弟。"张英《聪训斋语》说："保家莫如择友。"可见交友对于子弟教育和家族兴衰的重要性。

一四七

地无余利，人无余力，是种田两句要言[1]；心不外驰，气不外浮，是读书两句真诀[2]。

【注释】 ①要言：至理名言。

②真诀：妙法，秘诀。

【译文】 地要竭尽所用，不能浪费，人要全力耕种，不可偷懒，这是种田的两句至理名言。心不奔驰于外，气要沉潜于内，这是读书的两句秘诀。

【评语】 种田没有什么诀窍，无非就是要充分利用土地，发挥全部的人力。做任何事情都是如此，全力以赴，才能有所收获。

读书没有什么秘诀，无非是静得下心，沉得住气。如果心浮气躁，好高骛远，又怎么能读得进去？

一四八

成就人才，即是栽培子弟；暴殄天物[1]，自应折磨儿孙。

【注释】 ①暴殄（tiǎn）天物：不知爱惜物力，任意糟蹋东西。殄，尽，绝。

【译文】 培植有才能的人，使他们有所成就，就是教育培养自己的子弟。不知爱惜物力而任意糟蹋东西，自然使儿孙未来受苦受难。

【评语】 人才难得，帮助培养出一个真正的人才，也是培养自己的子弟。这包含几层意思：一是通过培养人才为子弟树立一个好的榜样，激励子弟奋进；二是所培养的人才会对自己怀有感恩之心，届时可以照拂自己的子弟；三是帮助他人成才，是善行，能为子弟积累阴德。

奢侈无度，任意浪费，这必然会让儿孙饱受折磨。这也包含几层意思：一是自己把家业败掉，没给儿孙留下什么，儿孙必定贫困度日；二是自己即使能给儿孙留下财富，但儿孙已经沾染上同样的恶习，迟早也会把家业败光。宋张知白生活简朴，他认为："我现在的俸禄，即使全家锦衣玉食，也能做到。但人之常情，由俭入奢易，由奢入俭难。我现在的俸禄怎么可能总是有？我怎么能永远活着？一旦和今日不同，家人已经习惯奢靡的生活，不能马上节俭，必定会流离失所。"这是真正为儿孙作长远考虑的贤人。

一四九

和气迎人，平情应物。抗心希古[①]，藏器待时[②]。

【注释】 ①抗心希古：心志高亢，以古人自相期许。

②藏器待时：怀才以待见用。器，指才华。

【译文】 以祥和的态度去和人交往，以平等的心情去应对事物。以古人的高尚心志自相期许，守住自己的才能以等待可用的时机。

【评语】 与人交往，若能保持和气，可以避免许多不愉快的事发生。和气是化解矛盾的良药，人与人之间，家庭与家庭之间，国家与国家之间，若能多一分和气，自然能少一分纷争。应对事物，要以公正平等的心去看待，不能抱有成见和偏见。如果自己的心先不平，判断事物就会不正，也就很难处理好事情。

做人要以古代圣贤为榜样，要有圣贤能做到，我也能做到的信心和志向。时代变了，最基本的做人的道理和原则不会变，所以古代的圣贤仍是我们高山仰止的对象。一个人的才能要能守、能藏，非其时，宁可不用。如果用非其时，用非所用，倒不如无才。

一五〇

矮板凳，且坐着[1]；好光阴，莫错过。上句系梦中所闻语。

【注释】 ①且：暂且。

【译文】 这小小的板凳，暂且坐着吧！美好的时光，不要让它偷偷溜走了。这上半句是梦里所听到的话。

【评语】 “板凳要坐十年冷”，做学问的人要专心致志做学问，追求真理，不慕荣誉，不求名利，不为一时风尚所左右，甘于寂寞。这样做出来的学问才经得起实践检验。

“三更灯火五更鸡，正是男儿读书时”，一个人的生命有限，除掉老病以及无知婴儿时期，能够用来学习的时光真是太少了，所以我们要抓住这短暂的好时光，努力求知，不要错过了才后悔莫及。

一五一

论事须真识见，做人要好声名。

【译文】 议论事情必须要有真正的见识，做人就要追求好的名声。

【评语】 探讨问题必须要有见识，能透过现象看本质，洞察问题的关键所在，才有解决问题的可能。如果没有见识，对事物缺乏自己的判断，就只能像矮子观场那样随声附和他人的意见了。

好名声对于我们任何一个人都很重要，代表着他人或社会对我们的积极评价。名声好的人往往更容易获得别人的认可和信任，也更容易获得成功。好的名声不是凭空而来的，而是建立在一个人优良的道德品格之上的。所谓做人要追求好的名声，说到底就是要加强自身的道德修养。

一五二

处境太求好，必有不好事出来。学艺怕刻苦，还有受苦时在后。

【译文】 所处的境地过于追求好，必定会有不好的事情出来。学习本领怕吃苦，后面还有吃苦的日子。

【评语】 过于追求安逸的生活，贪图享受，不是好事情。一方面，所谓安逸的生活是需要一定的物质条件的，有些人为了达到这个条件，往往会做出不好的事来；另一方面，安逸享受惯了的人，多半精神懈怠，不思进取，没有居安思危的意识，所以很难永远安逸下去。

学习是一件很辛苦的事情，想学好本领，就不要怕吃苦。如果开始就怕苦怕累，不愿意学习，或者吃不了苦，学习半途而废，最后恐怕会有更大的苦头要吃。生活中很多人怕苦怕累，在最好的年华中不去努力学习，没有一技之长，等到处处碰壁、吃尽苦头，后悔也来不及了。

一五三

天地生人，都有一个良心；苟丧此良心，则其去禽兽不远矣。圣贤教人，总是一条正路；若舍此正路，则常行荆棘中矣[①]。

【注释】 ①荆棘：本指丛生有刺的灌木，此处比喻困难的境地。

【译文】 人生于天地之间，都有天赋的良知良能，如果失去了它，就和禽兽无异。圣贤教导众人，总会指出一条平坦的大道，如果放弃这条路，就会走到困难的境地中。

【评语】 人有恻隐之心、羞恶之心、恭敬之心和是非之心，人又有不学而能、不虑而知的良能良知。这些都不须向外求取，而是木来就有的。如果丧失了这些，就和禽兽没有多大差别了。

仁义道德，这是圣贤教导人的正路，是做人的基本原则。如果依着这原则去做，自然事事顺利，前途平坦。如果违背了这些原则，必定处处碰壁，招人唾弃，有如走在荆棘中，不但会把自己刺伤，而且可能无路可走。

一五四

世之言乐者，但曰读书乐，田家乐。可知务本业者，其境常安。古之言忧者，必曰天下忧，廊庙忧[①]。可知当大任者，其心良苦。

【注释】 ①廊庙：朝廷。

【译文】 世人说到快乐之事，都只说读书的快乐和田园生活的快乐，可知只要在自己本行工作中努力，便是安乐的境地。古人说到忧心之处，一定都是忧虑天下苍生，以及忧虑朝廷政事，可知身负重任的人，真是用心甚苦。

【评语】 古人以耕读为本业，耕能养生，读能养心，从事耕读的人，常常能自得其乐，远离尘嚣烦扰。热爱本职工作的人，能从工作中得到乐趣，有乐趣，才有可能干好。当今社会职业多元化，我们要结合自己的兴趣和能力，选好自己的职业，做好自己的工作，才能安居乐业。

担当天下兴亡之责的人，他“先天下之忧而忧，后天下之乐而乐”，不计较个人得失，只为国家社稷安危而忧，为天下百姓疾苦而忧。这类人的思想境界高尚，是一个民族的脊梁，也是一个国家、一个社会的希望。

一五五

天虽好生①，亦难救求死之人；人能造福，即可邀悔祸之天②。

【注释】 ①好生：爱惜生命而不嗜杀。

②悔祸：撤去所加的灾祸。

【译文】 上天虽然希望万物都充满生机，却也无法挽救那种一心不想活的人。人如果能自求多福，就可使上天撤回加在自己身上的灾祸。

【评语】 天地间万物生生不息，但如果一个人一心求死，恐怕上天也难以挽回。“千古艰难惟一死”，一个人连死都不怕，还有什么承受不了的呢？毕竟生命可贵，也很脆弱，爱惜尚且唯恐不及，真的不宜轻生，辜负上天好生之德。

天道即在人心，福祸本由自取。一个人能力行善事，哪怕原本有灾祸降临，上天也会撤回。一个人作恶多端，哪怕原本有福庆，也会折损殆尽。

一五六

薄族者[①]，必无好儿孙；薄师者[②]，必无佳子弟，君所见亦多矣。恃力者，忽逢真敌手；恃势者，忽逢大对头，人所料不及也。

【注释】 ①薄族：刻薄对待族人。

②薄师：不尊重师长。

【译文】 苛待族人的人，必定没有好的后代；不尊重师长的人，不会有优秀的子弟，这种情形见得太多了。以力欺人的，必会遇上比他力气更大的人；凭仗权势压迫人的，也会遇到足以压过他的人，这都是预料不到的事。

【评语】 同一宗族的人来自同一个祖宗，所以对于祖宗来说，同族的人都是子孙。一个人如果连自己的族人都要刻薄对待，可见此人不敬祖宗，这样的人必然没有好儿孙。老师是知识的传承者，尊师即重道。一个人如果连师长都不知尊敬，分明是鄙视知识学问，这种人的子弟多半是不学无术之徒。

俗语说："恶人还有恶人磨。"那些倚仗力气和权势的，难道没有比他更有力气和权势的吗？为人还是低调些好，不能仗势欺人。一则权势、力气本不足依恃，再则今天你能欺负别人，明天别人也能欺负你。

一五七

为学不外“静敬”二字，教人先去“骄惰”二字。

【译文】 求学问不外乎“静”和“敬”两个字，教导他人首先要让他去掉“骄”和“惰”两个毛病。

【评语】 “万物静观皆自得”，“静”之为功甚大。《大学》说：“知止而后有定，定而后能静，静而后能安，安而后能虑，虑而后能得。”求学要有所得，一定要先静下心来，屏除杂虑，然后才能安、能虑、能得。“涵养在用敬”，涵养学问，涵养德性，都离不开一个“敬”字。敬则治学能够严谨，待人能够谦恭。

教导他人，若要让对方学到真东西，首先要除去他的骄傲心和怠惰心。因为骄傲则自满，满足于已得，也就无法再增加新的学问。怠惰则不思进取，也无法再学习新的知识。骄的反面是谦，惰的反面是勤，所以无论学什么，首先要谦虚，承认自己的不懂，接着要勤奋地下功夫学习，如此才能教者、学者皆有得。

一五八

人得一知己，须对知己而无惭[①]；士既多读书，必求读书而有用。

【注释】 ①无惭：没有愧疚之处。

【译文】 一个人能得一个知己，在面对知己时应该毫无可惭愧之处。读书人既然读了很多书，总要将学问用之于世，才不枉然。

【评语】　“黄金易得，知己难求”，很多人感慨，人生得一知己就够了。知己之间，彼此志趣相投，肝胆相照，不以荣辱得失为转移。人生如能有幸得一知己，一定要珍惜，尤其不能做对不起知己的事。

读书能获得乐趣，获取知识，培养德性。将读书所得知识当作把玩的对象，借以陶冶性情、解闷遣日，这也是读书的一个用处，未尝不可。但真正的读书人除此之外，更要学以致用，将自己所学服务于社会。

一五九

以直道教人，人即不从，而自反无愧，切勿曲以求容也；以诚心待人，人或不谅，而历久自明，不必急于求白也[①]。

【注释】　①求白：解释以证明清白。

【译文】　以正直之道去教导他人，即使他不听从，只要我问心无愧，千万不要委曲求全，于理有损。以诚恳的心对待他人，他人或者因为不能了解而有所误会，日子久了自然会水落石出，不须急着去向他辩解。

【评语】　“直道惟可行己”，意思是说一个人自己直道而行，但不必强求别人一样。所以教导别人行直道，别人不听从，自己问心无愧即可，千万不能因此而改变自己的直道，以遵循别人的枉道。那样就得不偿失了。

我们以诚挚的心对待他人，即使他人对自己一时有不谅解之处，如果事情容易解释，而对方又是明理的人，尽可向对方说明。如果事情不容易解释，则不必急于辩解。即使对方始终不能谅解，但是至少自己无愧于心，于人于诚皆无所失，也是可以安心的。

一六〇

粗粝能甘[①]，必是有为之士；纷华不染[②]，方称杰出之人。

【注释】　①粗粝（lì）：粗服劣食。

②纷华：声色荣华。

【译文】　粗服劣食能欢喜受之，必然是有所作为的人。声色荣华不着于心，才能称作优秀出众的人。

【评语】　宋人汪信民说："人常咬得菜根，则百事可做。"能嚼得菜根，便是能吃得下苦，不会被富贵利禄动摇心志，在实现自己的理想上，必能脚踏实地去完成，而成为一位有为之士。

同样，"任他桃李争欢赏，不为繁华易素心"，一个杰出的人，不随波逐流，不贪慕荣华声色，他只是秉持自己的本心行事，不让外在环境的污浊沾染自心。

一六一

性情执拗之人[①]，不可与谋事也；机趣流通之士[②]，始可与言文也。

【注释】　①执拗（niù）：固执任性。

②机趣：风趣。流通：通畅无碍。

【译文】　性情十分固执任性的人，往往无法和他一起商量事情。

风趣通畅无碍的人，才可以和他谈论文章。

【评语】　讨论事情，目的是要把事情做成。俗话说：“三个臭皮匠，赛过诸葛亮。”所以讨论的时候，参加的人要积极建言献策，主事者要善于吸纳各种有益的意见。如果不顾实际，完全凭着自己的性子和一得之见去做事，事情未必能做成，也容易得罪他人。

文章艺术是风雅之事，与风雅有趣的人谈论文章艺术，才能相互激发，各有所得。否则，很可能是话不投机，言不及义。推而广之，无论沟通什么事情，交流的双方都宜有趣味，能变通，交流才能愉快有益。

一六二

不必于世事件件皆能，惟求与古人心心相印[①]。

【注释】　①心心相印：彼此心意能互相了解，形容心意相通。印，印证，契合。

【译文】　对于世间种种事情不必样样都知道得很清楚，只求能够对古人的心意彻底了解而心领神会。

【评语】　世间的学问太多太杂，一个人的精力有限，要一一学尽是不可能的。况且世间的事物未必件件都值得学，有些事学了反而不好，不如不学。求学问，要以古人的高尚心志和丰功伟绩相期许，并为之不懈努力。

一六三

夙夜所为[①]，得毋抱惭于衾影[②]？光阴已逝，尚期收效于桑榆[③]。

【注释】 ①夙（sù）夜：早晚。

②得毋：能不，莫非。衾（qīn）影：语出《宋史·蔡元定传》："独行不愧影，独寝不愧衾。"意谓独处时没有愧对于心的行为。

③桑榆：日落时光照桑榆树端，因以指日暮。比喻晚年。

【译文】 每天早晚的所作所为，能无愧于心吗？时光虽然已经逝去，还是希望晚年能有所补救。

【评语】 做人要光明磊落，问心无愧。孟子把"仰不愧于天，俯不怍于人"作为人生三乐之一，可见其重要。这说来容易，做到很难。我们唯有对人对事都尽心尽力，不做亏心事，不亏欠于人，才有可能无愧于心。

人应该珍惜自己的每一段时光，如果少年时期没有好好把握，以致到老来无所成就，那么与其去感叹逝去的时光，倒不如抓住现在的老年时光，发奋努力，说不定会有所补救。所以古人才说"往者不可谏，来者犹可追""老骥伏枥，壮心不已"。

一六四

念祖考创家基[①]，不知栉风沐雨[②]，受多少苦辛，才能足食足衣，以贻后世；为子孙计长久，除却读书耕田，恐别无生活，总期克勤克俭[3]，毋负先人。宗祠楹联[4]。

【注释】 ①祖考：祖父和父亲。泛指祖宗。

②栉（zhì）风沐雨：借风梳发，借雨洗头，比喻在外奔走，极为辛劳。栉，梳头。

③克勤克俭：既能勤劳，又能节俭。

④宗祠：祠堂。楹（yíng）联：挂或贴在楹柱上的对联。泛指对联。

【译文】 祖先创立家业，不知受过多少艰辛，经过多少努力，才能够衣食暖饱，留下财产给后代子孙。为子孙作长久的打算，除了读书和耕田外，恐怕就没有别的了，总希望他们能勤俭生活，不要辜负了先人的辛劳。这是贴在祠堂楹柱上的对联。

【评语】 一个家庭的兴起，往往是经过数代的努力积聚而来的。作为子孙，要谨记先人创业的艰辛，善守其成。传统社会注重耕读传家，所以为子孙考虑，无非是读书以明理，耕种以养体。这样子孙即使不能将家业发扬光大，至少能够守得住祖业。

一六五

但作里中不可少之人[1]，便为于世有济；必使身后有可传之事，方为此生不虚。

【注释】 ①里：乡里。

【译文】 成为乡里中不可缺少的人，就是对社会有所贡献了。在死后有足以为人称道的事，这一生才算没有虚度。

【评语】 孟子说："穷则独善其身，达则兼济天下。"一个人如果能力有限，能够管理好自己，也是为社会做出了贡献。如果能力大一点，能够成为乡党所依赖的人，自然更是为社会做出了贡献。所谓济世，并非一定要居高位、做大事，社会的有序进步，需要我们每一个人从自身做起，从身边的小事做起。

古人说："德厚者流光，德薄者流卑。"道德高尚的人会留下美名，道德低劣的人留下恶名。我们大多数人终将默默无闻，过完普通人的一生，如果能做一些对众人有益的事，身后让人传颂，也就不算虚度。如果力有不逮，至少不要做坏事，免得让人指着脊梁骨骂。

一六六

齐家先修身[1]，言行不可不慎；读书在明理，识见不可不高。

【注释】 ①齐家：治理家庭。

【译文】 治理家庭首先要提升自己的修养，在言行方面一定要处处谨慎无失。读书的目的在明达事理，一定要使自己的见识高超而不低劣。

【评语】 儒家讲修齐治平，如果连修身都做不到，如何能治理一个家庭呢？连一个家庭都管理不好，又如何去管理自己的事业，更别谈服务社会、报效国家之类的事了。"欲明人者先自明"，一家之主尤其要注重修身养性，明白事理，这样才能成为其他成员的表率，家庭才能和睦。

读书的目的在于从书中获得智慧，增长见识，使自己具有明辨是非的能力，明白做人处世的道理。另一方面，读书人的见识要高，见识高，才能有眼光，从而更好地汲取书中的智慧。这其实是一个良性循环的过程。有些读书人没有见识，人云亦云，即使读尽天下的书，也收效不大。

一六七

桃实之肉暴于外，不自吝惜，人得取而食之；食之而种其核，犹饶生气焉，此可见积善者有余庆也。栗实之肉秘于内，深自防护，人乃剖而食之①；食之而弃其壳，绝无生理矣，此可知多藏者必厚亡也②。

【注释】 ①剖（pōu）：破开。

②多藏厚亡：语出《老子》：“是故甚爱必大费，多藏必厚亡。”意谓贪求利禄的人，收藏很多的珍宝，反而使人嫉妒怨恨，结果往往身遭横祸。

【译文】 桃子的果肉暴露在外，毫不吝啬于给人食用，因此人们在取食之后，会将果核种在土中，使其生生不息，由此可见多做善事的人，自然会有泽及子孙的阴德。栗子的果肉深藏在壳内，好像尽力在保护一般，人们必须用刀剖开才能吃，吃完了就将壳丢弃，因此它无法生根发芽，由此可明白凡是贪于藏纳而吝于付出的人，往往自取灭亡。

【评语】 一个乐于助人的人，必然常怀仁爱之心，看到有人身处困境时，就会伸手援助，而不去计较是否能得到回报。这样的善行会种下善因，结出善果。一方面人们得到他的恩惠，会敬仰他，上天也会回报他或他的子孙后代，另一方面人们受到他的教化，会学习他，也去行善，帮助更多的人。

相反，一个过分贪求物质与名利欲望的人，必定要劳心劳力，大费精神，同时自私自利，对人苛刻。这样的话，他积蓄越多，越招人嫉妒怨恨，结果往往身遭横祸。《袁氏世范》记载一个官宦人家平时仗势欺人，有一天仇人把他房子烧了，大家都不去救火，因为救火不但没有功劳，反而会被他诬陷盗取他家财物，所以大家宁可受杖一百。这个教训不可谓不深刻。

一六八

求备之心[①]，可用之以修身，不可用之以接物；知足之心，可用之以处境，不可用之以读书。

【注释】 ①求备：追求完备。

【译文】 追求完备的想法，可以用在自身的修养上，却不可用在待人接物上。容易满足的心理，可以用在对环境的适应上，却不可以用在读书求知上。

【评语】 追求完备之心，可以用来要求自己，不可以用来苛求别人，可以用在道德修养方面，不可以用在物质追求方面。同样的道理，知足常乐之心要用在适应环境方面，这样即使身处逆境，也不会怨天尤人。在读书求学问的道路上，则永远不可知足。因为学无止境，我们要常怀不足之心，才能不断去探索，获取更多的知识和智慧。如果满足于眼前所学所得，那么在学问的境界上也就裹足不前了。

一六九

有守虽无所展布[①]，而其节不挠[②]，故与有猷有为而并重[③]；立言即未经起行[④]，而于人有益，故与立功立德而并传。

【注释】 ①展布：施展抱负，发挥才华。

②不挠（náo）：不屈。

③猷（yóu）：计谋，打算，谋划。

④起行：语出《荀子·性恶》："故坐而言之，起而可设，张而可施行。"指言论切实可行，后比喻说了就做。

【译文】 能谨守道义，虽然没有施展抱负，发挥才华，却有守节不屈之志，所以和有谋略、有作为是同等重要的。所说的言论即便没有实行，但是已让闻而信者得到裨益，因此和建立功绩、树立德业是同样不朽而为人所传颂的。

【评语】 《洪范》说："凡厥庶民，有猷、有为、有守，汝则念之。"意思是说，凡是有谋略、有施设、有操守的人，做君主的要选用他。有守，就是有原则，有底线，这是做人的起码要求。一个有才干的人如果心术不正，没有操守，他的才干如果有机会施展，才干越大，破坏性越大。反之，一个有才干的人因为外在的环境没有机会施展抱负，只要他退而自守，不趋炎附势，不卑躬屈膝，是可以和那些有谋略、有作为的人得到同样的尊重的。

有些言论、学说即便当时没有实践，看起来似乎毫无用处，但只要是有益于世道人心的，就可以和立德、立功同样不朽。譬如孔子一生述而不作，也没当过什么大官，但他有关仁的学说泽及后世数千年，所以他成为名垂千古的圣人。再如据《了凡四训》记载，卫仲达被抓到阴间，小吏查看他的《善恶簿》，发现他《恶簿》满屋，而《善簿》就一根筷子般大小。但用秤一称，筷子般大小的《善簿》反而比满屋的《恶簿》要重。因为卫仲达曾上疏谏止工役，朝廷虽然没有采纳，但他心念百姓疾苦，所以其善甚大。

一七〇

遇老成人，便肯殷殷求教[①]，则向善必笃也[②]；听切实话，觉得津津有味[③]，则进德可期也。

【注释】 ①殷殷：情意恳切的样子。

②笃：忠实，坚定。

③津津有味：形容趣味很浓厚或很有滋味的样子。

【译文】 遇到年老有德的人，便恳切地向他请求教诲，那么这个人向善之心必定十分坚定。听到实在的话语，便觉得十分有滋味，那么这个人德业的进步是可以料想得到的。

【评语】 德高望重的老人，一般来说品德高尚，明辨事理，人生阅历丰富。能够向他们请教的人，一方面说明这个人尊敬老人，懂得礼仪；另一方面说明这个人愿意提高自己，一心向善。一个愿意提高自己的人，必定能见贤思齐，不论这个“贤”是老人、平辈还是晚辈。

朴素实在的话，一般来说不新奇，不动听，所以并不是每个人都愿意听，即使听了也不见得能听进去。乐意听朴素实在话的人，一方面说明这个人踏实可靠；另一方面说明这个人善于倾听，愿意接受正确的意见，他的德行也会日臻完美。生活中太多人只想听客套话、漂亮话甚至假话，反感切合实际的真话，这是十分可惜的。

一七一

有真性情，须有真涵养；有大识见，乃有大文章。

【译文】 要有至真无妄的性情，一定先要有真正的修养才能达到。要写出不朽的文章，首先要有高明通达的见识。

【评语】 人生下来，性情本是至真的，纯然无杂的，即所谓“赤子之心”“童心”。伴随着成长，大部分人或多或少会失去这个“童心”。因为我们面对的世界并不完美，生活也会迫使我们作出各种妥协。所以要保持本真的性情，必须要有真正的涵养功夫，不忘初心。如果我们不能改变世界，至少不要让世界改变我们。

李渔《闲情偶寄》说：“凡作传世之文者，必先有可以传世之心。”意思是说，能够写出传世文章的人，乃是因为他有可以传世的心。可见文章好坏，并不单纯是一个技巧的问题，主要还是思想、见识方面的问题。作者思想浅薄，见识不高，那么写出的文章即便文字通畅，辞藻华美，技巧无懈可击，也很难说是好文章，更不用说是传世大文章了。能够写出伟大文章的人，往往对生命价值和人类命运有着深刻的关怀和洞察。

一七二

为善之端无尽[1]，只讲一“让”字，便人人可行；立身之道何穷，只得一“敬”字，便事事皆整。

【注释】 ①端：头绪。

【译文】 行善的头绪没有穷尽，只要能讲一个“让”字，就人人都可以做得到。处世的道理何止千百，只要做到一个“敬”字，就能使所有的事情整顿起来。

【评语】 称得上善行的事情很多，施行起来有难有易，但有一件事情人人都可以做得到，那就是“让”。所谓“让”，一是“不争”，一是“能舍”。不争便不会计较，不会为了名利而做出不善的事。能舍便得大自在，可以用自己的“有”去帮助他人。古人说：“让，礼之主也。”懂得了让的道理，就不难为善去恶了。

立身处世，要讲一个“敬”字。所谓“敬”，一是敬人，二是敬事，三是敬己。敬重他人则和气自生，也能得到他人的尊重，自然能相处愉快。敬事则能谨慎行事，忠于职守。敬己则爱惜自己的名誉，不会做出伤天害理的事，也会珍惜自己的生命，不会浪费大好时光。所以能做到一个“敬”字，也就能事事井井有条了。

一七三

自己所行之是非，尚不能知，安望知人[①]？古人已往之得失，且不必论，但须论己。

【注释】 ①安：哪里，怎么。

【译文】 自己的行为举止是对是错，还不能确实知道，哪里还能够知道他人的对错呢？过去古人所做的事是得是失，暂且不要讨论，重要的是先要明白自己的得失。

【评语】 我们很难了解一个人，包括我们自己。所以老子说："知人者智，自知者明。"西哲苏格拉底说："认识你自己。"我们与其随意批评他人的过失，还不如认真反省自己有没有过失。如果我们连自己所行之事的对错都不能确定，我们又怎么可以批评他人的所作所为？生活中很多人全然看不到自己的缺点，却喜欢背后议论他人得失，这是需要我们引以为戒的。

同样的，古人的得失固然可以作为我们做事的借鉴，但我们不能自以为是，轻率地议论古人的过失。一方面，对于古人要有了解，不能脱离历史实际去苛求古人，要知道古人并不比今人笨，今人也不见得比古人聪明多少；另一方面，"往者已矣，来者可追"，古人已成过去，是非对错已无法改变，而今人仍有应该注意和可以改进的地方，所以与其议论古人得失，倒不如多多反省自己，做好自己。

一七四

治术必本儒术者[①]，念念皆仁厚也；今人不及古人者，事事皆虚浮也。

【注释】　①治术：治理国家的方法。儒术：儒家的学术思想。

【译文】　治理国家之所以必定要以儒家学术思想为本，主要原因乃在于儒家的治国之道都出于仁爱宽厚之心。今人之所以不如古人，乃在于今人所做的事情都十分不切实际。

【评语】　我国自汉武帝罢黜百家、独尊儒术以来，儒家思想逐渐成为正统思想，历代统治者都视它为治国之法。这是历史的选择。一个很重要的原因在于，儒家学说以仁义为本，强调民胞物与、天下大同，后来又发展出一整套规范人们言行、维护社会秩序的学说，为社会稳定、发展做出了贡献。儒家思想固然有其局限和弊端，它在当代社会如何转型、如何应对新的时代问题也需要深入讨论和研究，而它所倡导的仁义精神，无疑是非常好的理念，放在任何时代都值得继承和发扬。

我们历来就有崇古的传统，认为古代比现在好，古人比今人好。所以鲁迅小说里的九斤老太太会说“一代不如一代”。这种观念不全对，但如果我们认识到，很多时候崇古只是为了表达对当今的不满，指出当今存在的问题，意在治疗、改进，那么我们就必须承认，这种观念也不是全然不对。作者在此指出今人虚浮矫饰，所以不如古人，正可以这样理解。

一七五

男以务农为本，故“男”字从田。妇以服役事人[①]，故“妇”字从帚[②]。

【注释】 ① 服役：服苦役，服劳役。事人：事奉人，服侍人。②帚（zhǒu）：扫除尘土、垃圾的用具。

【译文】 男人以从事农业生产为根本，所以“男”字的偏旁是“田”字。妇女以劳役来服侍人，所以“妇”字里有个“帚”字。（“妇”字繁体为“婦”。）

【评语】 汉字构造有“六书”的说法，即象形、指事、会意、形声、转注、假借。古人喜欢用会意来解释字义，如王安石说“波乃水之皮”就是一个著名的例子，本则解释“男”“妇”也是如此。男主外，从事耕作，女主内，操持家务，这种传统社会的家庭分工与“男”“妇”两个字的写法有必然的因果关系吗？不见得。但这样的解释在闲聊时无疑是有趣的谈资，而且有助于理解“男”“妇”两字的意思和固化“男主外，女主内”的传统观念。

一七六

家之长幼，皆倚赖于我[①]，我亦尝体其情否也？士之衣食，皆取资于人，人亦曾受其益否也？

【注释】 ①倚赖：依靠。

【译文】 家中的老小都依靠自己生活，自己是否曾经去体会他们心中的情感和需求呢？读书人在衣食上完全凭着他人的生产来维持，是否曾让他人从自己身上得到些益处呢？

【评语】 人到中年，一般来说是处于上有老、下有小的人生阶段，是家中的主心骨和顶梁柱，老人、小孩都需要自己养。这个养当然不仅仅是提供衣食，更重要的是理解他们的情感、精神需求。譬如说到孝，孔子认为："今之孝者，是谓能养，至于犬马者，皆能有养，不敬，何以别乎？"明确必须要有"敬"的情感，才是区别于动物的人子之孝。生活在一起的家人，如果能相互体谅理解，相亲相爱，家庭就能和睦，哪怕物质上略有不足，也能快乐幸福。

读书人不直接生产物质资料，所需衣食都是别人努力生产的结果，承受于别人的既多，而能够报答并回馈的，无非是道德学问。读书人要勤修道德，勤奋向学，在道德上足为社会表率，其学问足可济世，便是对社会最好的回馈。

一七七

富不肯读书，贵不肯积德，错过可惜也；少不肯事长，愚不肯亲贤①，不祥莫大焉！

【注释】 ①亲贤：亲近贤人。

【译文】 富有的时候不肯好好读书，显贵的时候不能积下德业，错过了就实在可惜。年少的时候不肯敬奉长辈，愚昧却又不肯亲近贤人，这是最不吉的预兆。

【评语】 人在任何情况下都应该坚持学习，不废诗书。相对来说，贫困时读书不容易，因为要为生计奔波，富有的时候能提供良好的读书环境，又不必为生计操心，所以有充裕的时间、精力投身学习。人在任何时候都要有一颗为善之心，积累善行。相对来说，贫穷时多半自顾不暇，能帮助他人的机会不多，显达时正好可以凭着自己的社会地位和力量去帮助他人，造福社会。如果一个人富贵显达时不知道把握时机去读书、积德，那是非常可惜的。

少年人往往无知，仅凭其血气之勇行事，愚昧的人不向贤者请教，自以为是。若无长辈、贤者在一旁敦促教诲，这样的人极可能误入歧途，自毁前程，甚至祸害社会。生活中很多人做下错事，并不是他本质上有多坏，重要原因是他得不到长辈、贤者的及时教诲。我们应该多亲近贤者、尊敬长辈，从他们身上学会一些做人的道理。

一七八

自虞廷立五伦为教[①]，然后天下有大经[②]；自紫阳集四子成书[③]，然后天下有正学。

【注释】 ①虞廷：虞舜的朝廷。五伦：即父子有亲，君臣有义，夫妇有别，长幼有序，朋友有信。

②大经：不可变易的礼法。

③紫阳：北宋理学家朱熹（1130—1200），字元晦，一字仲晦，号晦庵，徽州婺源（今江西婺源）人。学者称为紫阳先生。四子成书：朱熹集注《论语》《孟子》《大学》《中庸》，合称四书。

【译文】 自从舜令契为司徒，教百姓以五伦，天下才有不可变易的人伦大道。自从朱熹集《论语》《孟子》《大学》《中庸》为四书，天下才确立了足以被一切学问奉为圭臬的正统学问。

【评语】 五伦指君臣、父子、兄弟、夫妇、朋友之间的人伦关系。

儒家强调君臣有义，父子有亲，长幼有序，夫妇有别，朋友有信，并由此发展成为所谓的“三纲五常”（“三纲”指君为臣纲、父为子纲、夫为妻纲，“五常”指仁义礼智信），作为每个社会成员应该遵守的道德规范。“三纲五常”当然有其消极的一面，但不得不承认，在传统社会，它维护了社会秩序的稳定。

南宋思想家朱熹是理学的集大成者，他继承了北宋程颢、程颐的理学，完成了客观唯心主义体系的构建。他将《大学》《中庸》与《论语》《孟子》并称“四书”，并为之作注，撰成《四书集注》，成为明清以来科举考试的准绳。程朱理学成为官学正统，影响了整个东亚文化圈。

一七九

意趣清高，利禄不能动也；志量远大，富贵不能淫也[①]。

【注释】 ①富贵不能淫：语出《孟子·滕文公下》：“富贵不能淫，贫贱不能移，威武不能屈，此之谓大丈夫。”意谓不受富贵权势所迷惑，明道而行正。淫，迷惑。

【译文】 心意志趣清高的人，金钱禄位不能变易其意志。志气胆略高远的人，富贵权势不能迷乱其心胸。

【评语】 一个心志清雅高尚的人，他心中所爱的绝非是功名利禄之类的事。因为如果对功名利禄有所爱，就不是清。如果钻营在功名利禄中，便无法做到高雅。

一个志向远大、心胸辽阔的人，并不会因为富贵而迷失自己的心智。对他来说，实现自己的理想和抱负才是最重要的，如同浮云般的富贵，又怎么能让他动心？

一八〇

最不幸者，为势家女作翁姑[①]；最难处者，为富家儿作师友。

【注释】　①翁姑：公婆。

【译文】　最不幸的事，莫过于做有财有势人家之女的公婆。最难相处的，是做富家子弟的教师和朋友。

【评语】　有财有势人家的女儿，一般娇生惯养，养尊处优，遂心惯了，到了婆家一般不能好好侍奉公婆。又仗着娘家有势，可能处处凌驾丈夫之上，颐指气使。这样的话，公婆就很难做，家庭关系也很难处理。所以古人常说："嫁女必须胜吾家者，娶妇必须不若吾家者。"

做富家儿的老师也很难。因为一来富家财大气粗，以为学问可用金钱买得，没有尊师重教的意识，老师的师道尊严难以保持；二来相对而言，富家子弟的人生道路有更多的选择，受到的诱惑也会更多，所以一般不愿意读书，老师难以施教。富家多纨绔子弟，一般自恃高人一等，所以相对来说，难以作为朋友相处。

一八一

钱能福人[①]，亦能祸人[②]，有钱者不可不知；药能生人[③]，亦能杀人，用药者不可不慎。

【注释】　①福人：使人得福。

②祸人：使人遭难。

③生人：使人生存。

【译文】 钱能为人造福，也能带来祸害，有钱的人一定要明了这一点。药能够救人，也能够杀人，用药的人不能不谨慎。

【评语】 钱是流通的货币，本身并无善恶，就看人们如何去用它。用之得当便是善，用之不当便是恶；用之为善便是福，用之为恶便是祸。能明了这一点，有钱之人更应该谨慎地去使用他的钱，倘若不能为众人谋福，至少也不要为自己带来祸害。

药是用来治病的，有病固然应当求医，无病也不应该乱用药物。药要对症，什么样的药治什么样的病，如果用错，就很可能闹出人命。用药也要适量，不适量都会有害，只是害处有大有小而已。所以无论是医生开药，还是病人吃药，都要慎重。

一八二

凡事勿徒委于人[①]，必身体力行[②]，方能有济；凡事不可执于己，必广思集益[③]，乃罔后艰[④]。

【注释】 ①委：任，派，把事交给人办。

②身体力行：亲自躬行实践。

③广思集益：指广泛汲取群众的智慧，汇集众人有益的意见。

④乃罔后艰：没有后来的艰辛。语出《尚书·周官》：“功崇惟志，业广惟勤；惟克果断，乃罔后艰。”

【译文】 不要凡事都委托给他人，必须亲自去做，才能把事情办成。不要事事固执己见，最好参考大家的意见和智慧，才能避免后来的艰辛。

【评语】 人还是要依靠自己，如果凡事都倚赖他人，就失去了自我锻炼的机会，久而久之，自己的办事能力可能会打折扣。同时，把自己的事情交给他人办理，自己不闻不问，通常来说事情往往办不成。因为别人不见得把你的事情放在心上，有可能随便应付一下，也不见得比你更了解事情本身，自然就没法子处理好。

另一方面，人又不能固执己见，自以为单靠自己就能办成任何事。因为一个人的见识和能力都是有限的，而每个人都有自己的长处和短板。俗话说“三个臭皮匠，赛过诸葛亮”，一般来说，处理事情多听听各方面的意见，把大家的智慧集中起来，总不是坏事。

一八三

耕读固是良谋[1]，必工课无荒[2]，乃能成其业；仕宦虽称贵显，若官箴有玷[3]，亦未见其荣。

【注释】 ①良谋：好办法，好主意。

②工课：耕作和攻读。荒：荒废。

③官箴有玷：指做官失职。官箴，居官的格言。玷（diàn），白玉上的污点，引申为过失。

【译文】 耕种、读书固然是立身于世的好办法，但必须耕作、攻读不荒废，才能成就功业。做官虽然富贵显达，但是如果为官失职，也不见得是光荣。

【评语】 传统社会非常重视耕读，把耕读视为恒业，认为“恒业除耕读二事，无一可为”。这当然是有道理的。不过光知道道理还不够，关键是要尽心尽力，锲而不舍。耕作就要遵守农时，不怕劳苦，读书就要持之以恒，这样才能耕有所获，学有所成。其实何止耕作、读书，我们做任何事情都应该如此。

传统社会非常看重科第仕宦，因为在官本位的社会，出仕为官，意味着社会地位高，能获取更多的社会资源。但如果当官不能忠于职守，尸位素餐，那还不如不当官，让位于贤。而如果贪赃枉法，损公肥私，非但不能造福一方，反而成为百姓的祸害，那就更不是什么光荣的事情了。

一八四

儒者多文为富[1]，其文非时文也[2]；君子疾名不称[3]，其名非科名也[4]。

【注释】 ①多文为富：以多学知识、技能为富有。语出《礼记·儒行》：“不祈多积，多文以为富。”

②时文：科举应试之文，明清时期称八股文为时文。

③君子疾名不称：有道德的人担心死后名声不被人称颂。语本《论语·卫灵公》：“子曰：君子疾没世而名不称焉。”疾，忧虑。

④科名：指参加科举考试取得的功名。

【译文】 读书人以多学知识、技能为富有，然而并不是指那些应付考试的文章。有道德的人担忧死后名声不能为人称道，这个名不是指科举功名。

【评语】 读书人并不以积累金钱为富有，而是以创作有价值的文章为富有。所谓有价值的文章，不是那些应试科举的八股文和无病呻吟的应酬之作，应试文章缺乏深刻的思想，应酬之作缺乏真实的感情，这类文章写得再多，又有何用？真正有价值的文章是可以藏之名山，超越时空的，可以让后人读之仍有所得，受到影响，这又岂是科举八股、应酬之作所能及的？

君子担心死后声名不被人传颂，这个名不是科举功名，而是有可以称述的道德和功业。君子应该重视文行出处，追求立德、立功、立言，而不能被科举仕途、功名富贵所牵绊。事实也证明，那些被传颂至今的人物，往往其道德功业值得称道，和他科举考试成功与否并没有关系。

一八五

“博学笃志，切问近思”[1]，此八字是收放心的工夫[2]；“神闲气静，智深勇沉”，此八字是干大事的本领。

【注释】 ①“博学笃志”句：广泛学习而意志坚定，好问而多想当前的事情。语出《论语·子张》：“博学而笃志，切问而近思，仁在其中矣。”

②收放心：把放逸外骛的善心收敛回来。这里指学问之道。语出《孟子·告子上》：“学问之道无他，求其放心而已矣。”

【译文】 广泛学习而意志坚定，好问而多联系当下实际的需求，这是追求学问的重要功夫。心神安详，气不浮躁，拥有深刻的智慧和沉毅的勇气，这是做大事所要具备的能力。

【评语】 求学之道，就是要把放纵外骛的心收回来。这就需要我们重视在以下方面下功夫：广博地吸收知识，否则无以见学问之大；坚定自己的志向，否则没有目标，也不能专精；遇到疑难要及时向人请教，否则无法通达；时常细心地思考，才能使学问进步。

干大事的人，自身应该具备如下条件：一、有定力，够冷静。做事前，能清醒认识到事情的难易和各种可能遇到的问题，思考周详后才去行动，所谓“谋定而动”。万一遇到未曾料及的情况，也不慌乱，不急躁，能沉着应对，从容化解。二、有深广的智慧和沉毅的勇气。若无深广的智慧，则临事难以决断，或决断有误，把事情搞砸；若无沉毅的勇气，则畏缩不前，或冒失躁进。这些都是做大事所不容许发生的。

一八六

何者为益友[①]？凡事肯规我之过者是也[②]。何者为小人？凡事必徇己之私者是也[③]。

【注释】 ①益友：对自己为人处世有帮助的朋友。

②规：规劝。

③徇：顺从，曲从。

【译文】 哪一种朋友才算是益友呢？能规劝我过错的便是。哪一种人算是小人呢？一味曲从一己私利的便是。

【评语】 朋友对于一个人的成长非常重要，所以古人很重视择友。所谓“近朱者赤，近墨者黑”，与善人相交，也将一心向善；与坏人相处，也将习于为非。那么什么样的人才是益友呢？简单来说，能够指出自己过失的朋友就是益友。孟子说：“有人道我善者，是吾贼也；道吾恶者，是吾师也。”人哪能没有过失呢？有了过失，自己觉察不到，身边有好朋友能指出，自己才有认识并改正过错的机会。

“君子喻于义，小人喻于利”，小人与君子的一个不同之处即在于此。小人居心行事，都离不开私利两字，为了一己之私利，他可以不顾道义，不顾亲情，不知廉耻。

一八七

待人宜宽，惟待子孙不可宽；行礼宜厚[1]，惟行嫁娶不必厚。

【注释】 ①厚：厚重。

【译文】 对待他人应该宽容，但对待子孙不可过于宽松。礼节要周到庄重，但在办婚事时礼金不必过于丰厚。

【评语】 待人宽厚，得饶人处且饶人，这样自己的内心一片平和，在与人相处时也不会产生不愉快。对待自己的子孙却要严格，因为自己对子孙负有教诲的责任。自己的子孙在先天上已过于疼爱，若再加以宽厚，很容易变为纵容，如此一来，爱之适以害之。总之，待人宽厚易于成事，教子严格易于成才。

我们素来称为礼仪之邦，非常重视各种场合的礼仪。一般来说，礼节要周到、庄重、得体，这里说的“行礼宜厚”，就是这个意思。而操办其事的时候，则不宜铺张浪费，应该量力而行。以婚礼为例，人伦之道，始于夫妇，夫妇之本，正自婚姻。所以人们重视婚礼，要行过纳采、问名、纳吉、纳征、请期等礼仪之后，才能成为夫妇。而在操办婚事的时候，不要一味追求表面上的好看，大张其事，更不能堕入婚姻论财的恶道，去计较彩礼厚薄。

一八八

事但观其已然[1]，便可知其未然；人必尽其当然，乃可听其自然。

【注释】 ①然：这样，如此。

【译文】 事情只要看它已经如何，便可推知它未来的发展。一个人要努力做到他的本分，其余的可以顺其自然。

【评语】 事情的发展有它的规律和趋势，只要掌握了其规律和趋势，便可推知未来可能的动态。“太阳底下绝无新鲜事”，大部分的事都可以借已有的经验来推知。因此我们如果在问题没有出现前就能做出预测，问题出现的时候就能应付自如。

人们喜欢说“听天由命”“顺其自然”，作为一种达观的人生态度，有其可取的地方。但前提必须是：先要尽人事，才能听天命。如果自己不先去努力，然后把事情的失败归于天命，以顺其自然宽慰自己，这是懒汉的做法，对自己非常的不负责任。机会总垂青有准备的人，天下也没有任何事是完全自然而然的，所以我们做事，首先要尽心尽力，做好了自己的分内事，才有资格说成与不成，顺其自然。

一八九

观规模之大小[1]，可以知事业之高卑；察德泽之浅深，可以知门祚之久暂[2]。

【注释】 ①规模：格局。

②门祚（zuò）：家运。

【译文】　观看格局的大小，便可以知道事业是远大还是浅陋。观察德惠恩泽的深浅，便可以知道家运是长久还是短暂。

【评语】　看一个人做人的气象和格局，就可以知道他能成就多大的事业。因为做事即做人，一个人豁达大度，见识不凡，气象宏大，具有我们现在所说的领导力，大家自然会追随他，拥戴他。反之，一个人眼光狭隘，言行举止卑微不足道，没有较强的影响力，也就很难成就多大的事业。

一个家族的兴衰命运，除了时势，主要还是看这人家对世人的恩惠有多少。如果一个人积累很深的德行，并将仁义深植于子孙心中，子孙也能奉行不易，这个家族就可以绵延长久。如果一个人刻薄寡恩，家族也没有仁义道德之风，那么即便现在富贵，也必然不会长久。

一九〇

义之中有利，而尚义之君子[①]，初非计及于利也；利之中有害，而趋利之小人[②]，并不顾其为害也[③]。

【注释】　①尚义：崇尚道义。

②趋利：急于图利。

③顾：顾及，考虑。

【译文】　义行中也会得到利益，但崇尚道义的君子开始并不曾考虑这种利益。谋利时会有损失，而急于图利的小人并不顾及这个损失。

【评语】　道义和利益并非截然对立，做符合道义之事也会带来利益。譬如一个人做了善事，人们就会称扬他，他的名声就好。只是义行原本不求回报，行义的君子并不考虑这种名声以及利益。当然，因利而行义也可以肯定，如果不提倡，至少不应反对。

“天下熙熙，皆为利来；天下攘攘，皆为利往。”但“利”字旁边一把刀，利益之中包含着祸害的因素，如果以不正当手段博取了利益，往往反受其害。譬如一个人攫取了他人的利益，必定引起他人的嫉恨；而为了利益卑躬屈膝，阿谀逢迎，就会损害自身的德行。小人只乐意利用各种手段攫取利益，而不顾及由此可能造成的恶果。

一九一

小心谨慎者，必善其后①，惕则无咎也②；高自位置者，难保其终，亢则有悔也③。

【注释】 ①必善其后：一定可以妥善处理事情发生后的遗留问题。

②无咎：没有过失。

③亢则有悔：意谓处于极尊之位，应当以亢满为戒，否则会有败亡之祸。语本《周易·乾卦》：“亢龙有悔。”亢，极度，非常。

【译文】 小心谨慎的人，一定能妥善处理事情发生后的遗留问题，小心谨慎就不会犯下过错。身居高位的人，难以保持地位的长久，因为所处地位很高而自满自大，必定会招致败亡之祸。

【评语】 《周易》说：“君子终日乾乾，夕惕若厉，无咎。”意思是说君子整日自强不息，夜晚小心谨慎，如临危境，没有一点疏忽懈怠，这样才能免除灾祸，顺利发展。小心谨慎的人，凡事考虑周详，犯错的概率自然小。当然，小心谨慎也不能过头，有些事情要当机立断，否则时机稍纵即逝，也很难把事情做成。

《周易》又说：“亢龙有悔。”意思是说龙飞到了最高亢、最极端的地方，既无再上进的位置，又不能下降，必将后悔。身居高位的人千万别把自己当回事儿，如果自视甚高，鲜有不败亡的。俗话说：“小心行得万年船。”做人小心谨慎、低调内敛一点，总不是坏事。

一九二

耕所以养生①，读所以明道，此耕读之本原也②，而后世乃假以谋富贵矣③。衣取其蔽体，食取其充饥，此衣食之实用也，而斯人乃藉以逞豪奢矣。

【注释】 ①养生：保养身体。

②本原：根源，本意。

③假：借，凭借。下文的“藉”同。

【译文】 种田是为了维持生命，读书是为了明白道理，这是种田、读书的本源，而后来的人却借耕田、读书谋取富贵。衣服是为了遮蔽身体，食物是为了果腹充饥，这是衣物食品的实际价值，而有些人却借此作为炫耀财富的手段。

【评语】 耕种是为了收获粮食，维持生命，如果以田多为富，千方百计谋求田地，就失去了耕种的本意。这就像房子是用来居住的，但现在很多人以炒地皮、炒房价图利，就扭曲了房子的属性一样。读书是为了明白道理，如果只把读书当作求取富贵的手段，就违背了读书的初衷。科举时代，很多读书人视读书为获取功名富贵的敲门砖，有真才实学、能济世安民的人才不多，冬烘先生倒是一抓一大把。现在社会上也有很多读过书的人，他们只把读书当作获得好职位的手段，并不明白什么事理，也懒于思考，人云亦云，所以脑子成为别人思想的演练场。

穿衣原是为了保暖和蔽体，吃饭原是为了免除饥饿，如果在衣食方面过分讲究，蔽体防寒之外追求衣服的用料、做工、款式，果腹充饥之外追求食物的色香味，那就脱离了衣服食物的实用性。现在我们物质富裕了，适当地讲究一下吃穿，无可厚非，但如果只是用盛装豪饮来炫耀自己的财富和地位，则不足为训了。

一九三

人皆欲贵也，请问一官到手，怎样施行？人皆欲富也，且问万贯缠腰[①]，如何布置？

【注释】 ①万贯缠腰：即腰缠万贯，语本《殷芸小说》："有客相从，各言所志：或愿为扬州刺史，或愿多资财，或愿骑鹤上升，其一人曰：'腰缠十万贯，骑鹤上扬州。'欲兼三者。"后以"腰缠万贯"形容人极富有。腰缠，随身携带。贯，钱串，一千文为贯。

【译文】 人人都希望地位高贵，请问官位到手后，怎样去施行政务？人人都希望富有，请问那些腰缠万贯的富翁们，如何安排使用这些财富？

【评语】 人人知道做官好，都想做官去，但是真正做了官，就必然面对如何做官的问题。这其实是一个如何行使公权力的问题。好的官员忠于职守，心怀社稷，能够行使自己的权力造福百姓。坏的官员只在乎自己的私利，官职只是他谋求私利的平台，这就亵渎了人民赋予他的公权力。

人人都知道钱是个好东西，都希望发财，但是真正拥有大量金钱，就必然面对如何用钱的问题。这就涉及一个财富观的问题。金钱可以有很多用途，能够正确对待财富、懂得金钱之用的人，就是金钱的主人，可以利用手中的金钱做很多有意义的事情。如果不懂得正确使用金钱，就会成为金钱的奴隶，拥有财富就不见得是福了。

一九四

文行忠信[①]，孔子立教之目也，今惟教以文而已。志道据德[②]，依仁游艺[③]，孔门为学之序也，今但学其艺而已。

【注释】 ①文行忠信：孔子的施教科目和内容，语出《论语·述而》："子以四教：文、行、忠、信。"文指文献典籍和知识文章，行指社会生活实践，忠即忠诚，信即诚信。

②志道据德：和下文"依仁游艺"一起，是孔门进德修业的顺序。语出《论语·述而》："子曰：志于道，据于德，依于仁，游于艺。"志道，立志于道义。据德，拥有高尚的道德。

③依仁：依靠仁恕的品行。游艺：以礼、乐、射、御、书、数六种技艺作为具体本领。

【译文】 文、行、忠、信，是孔子教导学生所立的科目，现在却只剩下教学生文了。志道、据德、依仁、游艺，是孔门求道问学的次序，现在只剩最后一项学艺罢了。

【评语】 文、行、忠、信是孔子教导学生的科目和内容，涵盖了人由外到内的全部。然而现代的教学仅仅注重知识的传授和获取，忽略了道德品性方面的教育。理想的教育是帮助学生成人，所以道德品性方面的教育是不能缺失的。否则有才无德，终究不算成人。

志道、据德、依仁、游艺，是孔门为学的次序。艺是指礼、乐、射、御、书、数，这六者必须以前面的志道、据德、依仁为本。道是一切学问所由生的，仁德是一切行为的根本，艺则是用来从事工作的工具。只取艺而弃道、弃德，就像是将一个人的心和脑去掉，只要他的四肢。这显然是荒谬的。

一九五

隐微之衍[①]，即干宪典[②]，所以君子怀刑也[③]；技艺之末，无益身心，所以君子务本也[④]。

【注释】 ①隐微之衍：隐晦细微的过失。衍，过失。

②干：触犯。宪典：国家法典。

③君子怀刑：君子心里时刻不忘礼乐规范。语出《论语·里仁》：“君子怀德，小人怀土。君子怀刑，小人怀惠。”

④君子务本：君子致力于根本。语出《论语·学而》：“君子务本，本立而道生。”

【译文】 一些细微的过失，很可能就会触犯法度，所以君子心里时刻不忘礼乐规范，以免犯错。技艺是学问的末流，对身心并无益处，所以君子致力于根本，不把精力浪费在旁枝末节上。

【评语】 “君子怀刑，小人怀惠”，意思是说君子念念都在礼法规范上，而小人则处处想到小惠小利。君子之所以时时想着礼法规范，是要让自己的言行举止不逾越礼法。大错往往是由小过小失铸成的，君子明白这个道理，故而谨慎小心，避免过失。小人心中只有利益，没有一个法则自我约束，于是胡作非为，肆无忌惮，最后触犯法律，追悔莫及。

“君子务本”，每个人都做好自己的本业，做人的原则也就在其中了。具体到做学问，每个人的精力是有限的，宜学有所专，才有可能精于所学，学有所成。而所谓的技末之学，是指对一个人的身心无所助益的学问。把精力放在技末之学上，就会耽误自己的本业，这样很可能得不偿失。“鼫鼠五技而穷”，教训可谓深刻。

一九六

士既知学[①]，还恐学而无恒；人不患贫，只要贫而有志。

【注释】　①知学：知道学问的重要性。

【译文】　读书人既知道学问的重要，还怕学习时缺乏恒心。人不怕穷，只要穷得有志气。

【评语】　求学的前提是知道学问的必要性和重要性，具备了这个前提还不够，还要有恒心和毅力坚持学习，否则就像王阳明说的那样，“知而不行，只是不知”。世上无难事，只怕有心人，我们认准一件事，只要坚持不懈地做下去，就像水滴石穿一样，终究会有成功的一天。

只要我们有志气，有节操，不做可耻的事，贫困就不可怕，也不可耻。怕就怕人穷志短，被贫穷击倒，被苦难压垮。当今社会“笑贫不笑娼”，人人追求成功，渴望成功，而衡量成功的标准在大多数人心目中是挣大钱、发大财，因此而违背原则、丧失道德底线也在所不惜。与穷而不失其志的人相比，这才可怕，也更可耻。

一九七

用功于内者，必于外无所求；饰美于外者[1]，必其中无所有。

【注释】 ①饰：装饰。

【译文】 在内在方面努力求进步的人，必然对外在事物不会有许多苛求。只在外表拼命装饰图好看的人，必定没有什么内在涵养。

【评语】 专注于内在精神成长的人，对于外界环境的美丑好坏不会计较，也不会追求外在的东西，所以不会受到外界的干扰。这反过来又有利于他集中精力专注于自己的内在修养。

太过于注重外表修饰的人，往往内在空虚，缺少真实才学。适当注意自己的仪态是必要的，但与其过分修饰自己的外在，不如勤修道德，努力学习，充实自己的内涵。古人说："腹有诗书气自华。"这种内在的美是任何盛装、脂粉也比不上的。

一九八

盛衰之机，虽关气运[1]，而有心者必责诸人谋；性命之理[2]，固极精微，而讲学者必求其实用。

【注释】 ①运：指命运，气数。

②性命之理：形而上之道，讲天命天理的学问。

【译文】 兴盛或衰败的时机，虽然和天命气数有关，但是有心人一定要求在人事上做得完善。形而上的道理，固然十分微妙，但是讲求这方面的学问一定要它能够实用。

【评语】 古时作战讲求天时、地利、人和，即自然气候条件、地理环境和人心的向背。其实做任何一件事情都宜考虑这三方面的因素。天时、地利不是我们所能选择和加以改变的，就像这里所说的“气运”，而人和是我们能够努力的部分，就像这里所说的“人谋”。天下事本就难以预料，我们总要尽人事，若连人事都不尽，十之八九是要失败的。我们应该有“知其不可为而为之”的精神。

儒家所讲的性命之学，经过宋儒的发扬，更加精微广大。讲求这种学问的人，一定要注意它的实用性，不可完全走到玄虚的境地。所谓“实用”，一是切己，能让自己的生命活泼泼的；一是用世，可以服务于现实社会，创造社会价值。

一九九

鲁如曾子[①]，于道独得其传，可知资性不足限人也；贫如颜子，其乐不因以改，可知境遇不足困人也。

【注释】 ①鲁如曾子：语本《论语·宪进》：“柴也愚，参也鲁，师也辟，由也喭。”鲁，迟钝。曾子（前505—前435），名参，字子舆，孔子的弟子。他上承孔子之道，下启思孟学派，是孔子学说的主要继承人和传播者。

【译文】 像曾子那般迟钝的人，却能得到孔门真传，把孔子的一以贯之之道阐扬于后，可见天资并不足以限制一个人。像颜渊那么穷的人，却并不因此而失去他的快乐，由此可知遭遇和环境并不足以困住一个人。

【评语】 一个人的潜力有无限的可能，所以不要自我设限，认为自己做不到，认为自己就这能耐了。多数时候，是自己限制了自己，而不是天分、环境、机会等因素。所谓的天分不好、环境不行、机会不对，只是借口，真正的原因就在于你没有足够努力，没有发挥自己的最大潜能。

一个人的快乐应该主要与内心有关，而不是依靠外在的环境。立足于环境的快乐，会因为环境的改变而改变。这是把自主的心交付出去了。反之，如果内心充实满足，心境自由自在，那么无论环境如何改变，快乐都会常在于心。这就是颜渊能“一箪食，一瓢饮，而不改其乐”的原因。

二〇〇

敦厚之人，始可托大事，故安刘氏者，必绛侯也[①]；谨慎之人，方能成大功，故兴汉室者，必武侯也[②]。

【注释】 ①绛侯：指西汉开国功臣周勃（？—前169），沛县（今江苏沛县）人。佐高祖定天下，封绛侯。刘邦死前预言“安刘氏天下者，必勃也”。刘邦死后，吕后专权，分封诸吕为王。吕后死，周勃和陈平等诛杀诸吕，拥立文帝。

②武侯：即诸葛亮（181—234），字孔明，三国时期政治家。助刘备建国蜀中，与魏、吴成三国鼎立之势。封武乡侯，死后追谥忠

武侯。

【译文】 宽宏厚道的人，才可将大事托付给他，因此能使汉朝天下安定的，必定是周勃这样的人。谨慎行事的人，才能建立大的功业，因此能使汉室复兴的，必然是诸葛亮这样的人。

【评语】 宽宏忠厚的人可以托付大事，因为这种人不会变心，可以信赖。心胸狭窄的人成不了大事，更有可能败事，自然不能托付大事；心思灵活的人，倒是有做事的能力，但其心思很难捉摸，也很难把控，所以也不能托付大事。

谨慎小心的人能做成大事，因为这样的人考虑周详，行事稳健。马虎大意的人成不了大事，反而常常连小事都做不好。做大事最需要谨慎，一步都错不得，往往一着不慎，满盘皆输。诸葛一生惟谨慎，因此他才能在不利的形势下帮助刘备三分天下。

二〇一

以汉高祖之英明，知吕后必杀戚姬[①]，而不能救止，盖其祸已成也；以陶朱公之智计[②]，知长男必杀仲子，而不能保全，殆其罪难宥乎[③]！

【注释】 ①戚姬：戚夫人，为汉高祖刘邦宠姬，高祖崩，即为吕后所杀。吕后：刘邦的皇后吕雉（前241—前180），单父（今山东单县）人。刘邦死，惠帝继位，吕后揽权弄事，惠帝崩，吕后临朝称制，主政八年。

②陶朱公：即范蠡（前536—前448），字少伯，楚国宛（今河南南阳）人。佐越王勾践破吴后，至定陶，自称陶朱公，经商而成

巨富。

③殆（dài）：大概。宥（yòu）：宽容，饶恕，原谅。

【译文】 像汉高祖那么才干卓越而有远见的帝王，明知在他死后吕后会杀死他最心爱的戚夫人，却无法挽救阻止，乃是因为这个祸事已经造成了。像陶朱公那么足智多谋的人，明知他的长子非但救不了次子，反而会害了次子，却无法保全次子，大概是因为次子的罪本来就让人难以原谅吧！

【评语】 俗话说“形势比人强”，面对已经形成的局面，有时候是无法依靠人力去改变的。像汉高祖、范蠡这样杰出的人物，面对天命、国法，也有无能为力的时候：前者不能阻止吕后杀戚夫人，后者不能保全犯下杀人之罪的儿子。我们做人做事，要顺应历史发展的潮流，不能触犯法律，也不能开历史倒车。

二〇二

处世以忠厚人为法，传家得勤俭意便佳。

【译文】 为人处世应当以忠实敦厚的人为效法对象，家中世代相传的能有勤劳俭朴的内容便好。

【评语】 忠是尽心于人，厚是待人敦厚。忠厚的人待人诚恳宽厚，能为别人着想，把别人的事放在心上，尽心尽力做好。所以忠厚的人一般人缘好，很容易得到他人的尊敬和信赖。我们在社会上做事，就要以忠厚的人作为学习的对象。

立家之道，全在勤俭。不勤劳生产，则所入少，不节俭度日，则所费多。入少而费多，财富日渐消耗，终有耗尽的一天。所以要想家道历久不衰，就需要把勤俭作为传家宝，世世代代传承下去。否则，再多的财产，也会被子孙耗费殆尽。

二〇三

紫阳补《大学》格致之章①，恐人误入虚无，而必使之即物穷理，所以维正教也；阳明取孟子良知之说②，恐人徒事记诵③，而必使之反己省心，所以救末流也。

【注释】 ①紫阳：指朱熹。格致之章：《大学》中有“致知在格物”句，朱熹注解，指格物是穷尽事物之理，无不知晓之意。

②阳明：即王守仁（1472—1529），幼名云，字伯安，别号阳明，谥文成，余姚（今属浙江）人。明代著名思想家、文学家、哲学家和军事家，陆王心学之集大成者。孟子良知之说：指孟子所说：“人之所不学而能者，其良能也；所不虑而知者，其良知也。”

③记诵：默记所读的书而背诵。

【译文】 朱熹注《大学》格物致知一章时，特别加以补充说明，只恐学人误解而入于虚无之道，所以要人多去穷尽事物之理，目的在维护孔门的正教。王守仁取孟子的良知良能之说，只怕学子徒然地只会背诵，所以一定要教导他们反观自己的本心，这是为了挽回那些学圣贤道理只知死读书的人而设的。

【评语】 王国维说“一代有一代之文学”，我们也可以说，一代有一代之学术，每一个时代的学术都是应对其时代的问题而生的。南宋的朱熹认为格物致知是要穷究事物之理，这是因为宋代理学家探究心性之学，有入于虚无玄寂的趋向，朱熹想以此来纠正这一偏向。明代的王阳明倡致良知之说，认为“致知”就是致吾心内在的良知，这是因为明代士人被八股文淹没了性灵，只知道记诵圣人的话头，而不知道反观自己的内心，王阳明想以此来纠正这一偏向。我们探求一个人的生平思想也好，研究一种学说的来龙去脉也好，都应设身处地，结合当时具体的历史背景去分析，才能真正有所理解。

二〇四

人称我善良则喜，称我凶恶则怒，此可见凶恶非美名也，即当立志为善良。我见人醇谨则爱①，见人浮躁则恶，此可见浮躁非佳士也，何不反身为醇谨？

【注释】 ①醇谨：醇厚谨慎。

【译文】 别人说我善良，我就很喜欢，说我凶恶，我就很生气，由此可知凶恶不是美好的名声，所以我们应当立志做善良的人。我看到他人醇厚谨慎，就很喜爱他，见到他人心浮气躁，就很厌恶他，由此可见心浮气躁不是优秀的人该有的毛病，何不让自己做一个醇厚谨慎的人呢？

【评语】 一个人在人际交往中，要有同理心，要站在对方的角度来理解问题，将心比心。别人说你善良或者凶恶，那是你在别人眼中的形象。你喜欢别人说你善良，不喜欢别人说你凶恶，那是因为你知道善良是好的名声，凶恶是坏的名声。你不能改变别人的想法，就只有通过改变自己来改变你在别人眼中的形象，争取做一个善良的人。

醇厚谨慎的人自己看了也喜欢，浮躁之人自己看了也讨厌。人同此心，心同此理，如果你醇厚谨慎，别人看了一样会心生欢喜，如果你浮躁冒进，别人看了一样会心生厌恶。这样的话，与其做一个让别人厌恶也让自己厌恶的浮躁之人，还不如争取做一个让别人喜欢也让自己喜欢的醇谨之人。

二〇五

处事宜宽平[1]，而不可有松散之弊；持身贵严厉，而不可有激切之形。

【注释】 ①宽平：不急迫而又平稳。

【译文】 处理事情应当不急迫而平稳，但是不可因此而太过宽松散漫。立身最好能严格，但是不可造成过于激烈的状态。

【评语】 处理事情要不疾不徐，有条有理，才能把事情办得好。操之过急，往往错漏百出，这是欲速则不达的结果。但过于散漫松弛，拖拖拉拉，也不是好事，因为可能错失良机，办不成事。

持身要严谨，但是也不可过激，因为人的身心都需要某种程度的松弛。所谓“文武之道，一张一弛”，拉得太满的弓会失去弹性，绷得太紧的弦弹不出音符，我们最好保持一个适度的弹性。

二〇六

天有风雨，人以宫室蔽之[1]；地有山川，人以舟车通之。是人能补天地之阙也[2]，而可无为乎？人有性理，天以五常赋之[3]；人有形质，地以六谷养之[4]。是天地且厚人之生也，而可自薄乎[5]？

【注释】 ①宫室：古时房屋的通称。蔽：遮蔽。

②阙：失。

③五常：仁、义、礼、智、信。

④六谷：黍、稷、菽、麦、稻、粱。

⑤薄：轻视。

【译文】 天上有风有雨，所以人造房屋来遮蔽；地上有高山河流，人便造船车来交通。这是人力能够弥补天地造物的缺失，人岂能无所作为呢？人的心中有理性，天以仁、义、礼、智、信作为他的秉赋；人有外在的形体，地便以黍、稷、菽、麦、稻、粱六谷来养活他。天地对待人的生命尚且优厚，人岂能自己看轻自己呢？

【评语】 人为万物之灵。人可以改造环境，弥补天地的缺陷。所以人不能像动物一样，浑浑噩噩地过日子，而应该积极有为，自强不息。

天地是十分厚待人的生命的，天赋予人以美德和理性，地生出六谷养育人。天地如此看重我们，我们又怎么可以自轻自贱呢？所以人人应该自重，珍惜自己的生命，努力活出自己想要的样子，才不枉天地之间来这一遭。

二〇七

人之生也直，人苟欲生，必全其直；贫者士之常，士不安贫，乃反其常。

【译文】 人生来身体便是直的，人如果要活得好，一定要向直道而行。贫穷本属读书人的常态，读书人不安于贫，便是违背了常理。

【评语】　直立行走是人区别于其他动物的一个标志。人类从匍匐爬行进化到“站起来”，非常不容易。作为人类的一员，我们要想活得像个人，必得保全这个“直”。大丈夫顶天立地，不为权贵折腰，不向强权低头，心地纯正不邪，行事光明磊落。

读书人严于义利之辨，坚守道义，不贪财，也不妄求非分，所以贫者居多。对于读书人来说，贫穷不可耻，不能安于贫穷才是耻辱。

二〇八

进食需箸[①]，而箸亦只随其操纵所使，于此可悟用人之方；作书需笔，而笔不能必其字画之工，于此可悟求己之理。

【注释】　①箸（zhù）：筷子。

【译文】　吃饭需用筷子，筷子也只是随人的操纵来选择食物，由此可以了解用人的方法。写字需用毛笔，但是毛笔并不能使字好看，由此可以明白凡事必须反求诸己的道理。

【评语】　用人就好比我们吃饭用筷子，要运用得法。筷子本身不能自主夹取食物，需要人的操作。人才也不可能是全才，总是有长处也有缺点，使用人才就要把人才放在恰当的位置，充分发挥他的长处。人才能否尽其才，往往取决于用他的那个人。

同样道理，书法想要写得好，笔的好坏不是关键因素，关键的还是那个运用笔的人。同样的工具在不同人的手中，可以产生极不相同的结果。自己字写不好，怪罪于笔，那不是实事求是的态度。

二〇九

家之富厚者，积田财以遗子孙，子孙未必能保；不如广积阴功①，使天眷其德②，或可少延。家之贫穷者，谋奔走以给衣食③，衣食未必能充；何若自谋本业④，知民生在勤，定当有济。

【注释】 ①阴功：阴德。

②眷：眷顾。

③给（jǐ）：供给。

④本业：这里指农业。

【译文】 家中富有的人，将积聚的田地财产留给子孙，子孙未必能保有，倒不如多做善事，使上天眷顾他的阴德，也许可使子孙的福分稍稍得到延续。家中贫穷的人，想尽办法为供给衣食而奔波，衣食却未必能充足，倒不如在本职工作上多加努力，若能知道民众生计的根本在于勤奋，那么一定会有所补益。

【评语】 人一辈子应该为子孙留下什么？北宋的司马光说：“积金以遗子孙，子孙未必能守；积书以遗子孙，子孙未必能读。不如积阴德于冥冥之中，以为子孙长久之计。”意思是说，和遗留钱财或书籍相比，不如力行善事，多积阴德。因为子孙不肖的话，钱财很可能挥霍一空，书籍也不会去读。这是很通达的见解。“积善之家，必有余庆”，而积金、积书之家就未必了。

古人认为农业是根本，所以在家种田才是本业，而外出行商是末业。

行商四处奔波很辛苦，需要充裕的资本，风险也大，又不见得能维持生计，所以不如努力干好本业。对于贫困人家来说，情况尤其如此。其实无论是“谋奔走”，还是“谋本业”，都是谋生。而谋生的方法，没有比勤劳更重要的了。唐代的韩愈说：“业精于勤荒于嬉。”宋代的邵雍说：“一日之计在于晨，一岁之计在于春，一生之计在于勤。”再穷的人只要肯勤奋工作，总是还能餬口的；再富的人如果游手好闲，总会坐吃山空的。

二一〇

言不可尽信，必揆诸理[①]；事未可遽行[②]，必问诸心。

【注释】 ①揆（kuí）：揣测、衡量。

②遽（jù）：急忙。行：做。

【译文】 言语不可以完全相信，一定要在理性上加以判断、衡量。遇事不要急着去做，一定要先问过自己的良心。

【评语】 别人说的话，不可轻易相信。首先要用理性去判断它，看它的可信度有多少。老子说：“信言不美，美言不信。”那些说得很动听的话，未必可靠。其次要克服自己的人性弱点，防止被人利用。生活中很多骗子骗人的伎俩并不高明，但屡屡得逞，原因在于被骗者或是被自己廉价的同情心感动，或是被自己的贪欲心所迷惑。再次要多听各方面的意见，进行比较分析。所谓“兼听则明，偏信则暗”，我们如果能广泛比对各种信息，那些虚假的信息就比较容易被筛选出来。

“凡事三思而后行”，我们在做事情前，一定要深思熟虑。因为慎其始，方能善其终，只有考虑充分，才能把事情处理好，不留后患。俗话又说："磨刀不误砍柴工。"做事条件还不成熟时，冒冒失失地就去做，做完了才发现造成了无可弥补的损害，那时后悔就来不及了。

二一一

兄弟相师友，天伦之乐莫大焉[①]；闺门若朝廷[②]，家法之严可知也。

【注释】 ①天伦之乐：指老一辈和小一辈有血缘亲属关系的乐趣。天伦，旧指父子、兄弟等亲属关系。

②闺门：内室之门。借指家门。

【译文】 兄弟彼此为师友，伦常之乐的极致就是如此。家庭如朝廷一般严谨，由此可知家法严厉。

【评语】 古人非常重视兄弟之间的关系，将之列为"五常"之一。兄弟是分形连气之人，"生而无兄弟，古人以为忧；有兄弟而不肖，古人以为不幸；有兄弟而不能相容，古人以为耻"。所以兄弟之间要互相珍惜，要相亲相爱。做兄长的爱弟弟，做弟弟的敬兄长，互为师友，家庭必定和睦，家道必定振兴。兄弟之间如果不能体念先天的血肉相连，为了一些琐事而争吵，乃至为仇，这都是人伦之大丑。

中国传统社会的结构特征是"家国同构"，所谓"修身、齐家、治国、平天下"，就是这一特征的显著体现。孟子说："天下之本在国，国之本在家，家之本在身。"古人论述修身、齐家、治国，逻辑都是相通的。这里作者说"闺门若朝廷"，也是秉持这一思维逻辑。一个家庭要有一定的规矩，就像一个国家要有一定的规矩，这样整个社会才能有序。

二一二

友以成德也，人而无友，则孤陋寡闻①，德不能成矣；学以愈愚也②，人而不学，则昏昧无知③，愚不能愈矣。

【注释】 ①孤陋寡闻：学识浅薄，见闻不广。

②愈：医治。

③昏昧无知：愚昧糊涂，不明事理。

【译文】 朋友可以帮助成就德业，人如果没有朋友，则学识浅薄，见闻不广，德业就无法得以成就。学习是为了医治愚昧的毛病，人如果不学习，必定愚昧糊涂，不明事理，愚昧的毛病永远都不能治好。

【评语】 人是需要朋友的，《诗经》里说“嘤其鸣矣，求其友声”，人生有志同道合的朋友，是多么美好。朋友可以增长我们的学识，拓展我们的见闻，成就我们的德业，而更加重要的是，朋友之间的情谊，能让我们感受生命的温暖。

人之所以求学问，就是为避免愚昧无知。人不是一生下来就什么都知道，而是通过后天的不断学习，才逐渐增长见识。见识增长一分，愚昧就消除一分。信息爆炸、知识海量增长的时代，不肯学习的人，只会越来越无知，那就很难办成什么事情了。

二一三

明犯国法，罪累岂能幸逃[1]；白得人财，陪偿还要加倍[2]。

【注释】 ①罪累：罪过。幸逃：侥幸脱逃。

②陪偿：赔偿，偿还。陪同“赔”。

【译文】 明明知道而故意触犯国法，罪过岂能侥幸地逃避法律的制裁？平白无故地取人财物，偿还的要比得到的加几倍。

【评语】 “国有国法”，违反了国家法律，就要受到法律的制裁。那些明知违法而故犯的人，要么是很有权势的人，以为自己的权势大于法律，要么是意存侥幸，以为自己的行为不为人知，能够逃脱制裁。哪里知道权势再大，岂能大于一国之民？即便侥幸一时，岂能侥幸长久？所谓举头三尺有神明，违法乱纪，必将千夫所指，刑罚加身。现在有经济犯罪分子逃亡他国，自以为得计，终日躲躲藏藏，不能见天日，也不能叶落归根，一旦遣送回来，更是身败名裂，何来侥幸之有？

“君子爱财，取之以道”，只有自己辛勤劳动所得的财富，才能心安理得地享用。如果平白取人钱财，便是不义之财，于理不合，多半也不容于法，那么必将加倍偿还。世间许多人贪图他人财产，千方百计算计，不惜触犯刑律，损害阴德，即便一时得逞，到头来终究悖而入者悖而出，落得个家破人亡的下场。

二一四

浪子回头[①]，仍不惭为君子；贵人失足[②]，便贻笑于庸人。

【注释】 ①浪子回头：浪荡的人改过自新，重新做人。

②失足：指举止不庄重。比喻犯严重错误或堕落。

【译文】 浪荡子若能改过而重新做人，仍可做无愧于心的君子。高贵的人一旦做下错事，连庸愚的人都要嘲笑他。

【评语】 俗话说“浪子回头金不换”，一个浪荡败家的人，只要勇于改过自新，仍不失为一个有道德的人，因为他有向上进取之心。同样的道理，一个品德高尚的人，如果失于检点，犯下严重错误，就会受到平庸愚蠢的人的嘲笑，因为他是自甘堕落，趋于下流。作者这里是鼓励有错之人勇于改过，告诫有德之人谨慎修身。

二一五

饮食男女[①]，人之大欲存焉，然人欲既胜，天理或亡，故有道之士，必使饮食有节，男女有别。

【注释】 ①男女：指男女的情爱欲望。

【译文】 饮食的欲望和男女的情欲，是人的欲望中最主要的。然而如果放纵它，让它凌驾于一切之上，可以使道德天理沦亡。所以有道德修养的人，一定要让饮食有节度，男女有分别。

【评语】 人类的欲望，最主要的便是饮食的欲望和男女的情欲。前者用于维持生命，后者用以延续种族。这是人类的正当需求，无可厚非。但是，欲望本身是无穷的，若是放纵这些永远不能满足的欲望，很可能使道德沦丧，天理不彰。在人欲胜过天理的状况下，人很可能做出许多互相伤害乃至于不仁不义的事。所以有德之士在饮食和男女情感上，都要有一个节度和限制。饮食只要续命即可，无需太过豪奢，男女则有婚姻作法度。

二一六

《东坡志林》[①]有云：“人生耐贫贱易，耐富贵难；安勤苦易，安闲散难；忍疼易，忍痒难；能耐富贵、安闲散、忍痒者，必有道之士也。”余谓如此精爽之论[②]，足以发人深省[③]，正可于朋友聚会时，述之以助清谈[④]。

【注释】 ①《东坡志林》：北宋苏轼撰写的一部笔记，收入作者自元丰至元符年间二十年中的杂说史论。东坡：即苏轼（1037—1101），眉山（今四川眉山）人，字子瞻，号东坡居士。著有《苏东坡集》《仇池笔记》等。

②精爽：精当爽快。

③发人深省：启发人深刻思考，有所醒悟。

④清谈：清雅的言谈、议论。

【译文】 《东坡志林》一书中说：“人生要耐得住贫贱是容易的事，然而要耐得住富贵却不容易；在勤苦中生活容易，在闲散里度日却难；要忍住疼痛容易，要忍住瘙痒却难。假如能把这些难耐难安难忍的富贵、闲散、发痒，都耐得、安得、忍得，这个人必是个已有相当修养的人。”我认为像这么精当爽快的言论，足以启发人深刻思考，正适合在朋友相聚时提出来讨论，用来辅助清雅的言谈。

【评语】 人们的心态，大多与其贫困，宁可富贵，与其勤苦，宁可闲散，与其疼痛，宁可瘙痒。因为通常来说，贫困、勤苦、疼痛都是更加难以忍受的。但是换一个角度来说，身处富贵比身处贫困更难，因为富贵难以持久，且人心不易满足，身处富贵的人一则忧惧失去，一则欲求更多，反而不能像身处贫困之人那样无忧无求，自得其乐；勤苦的日子比闲散的日子更容易度过，因为人在勤苦中，虽然累，但生活被工作填满了，充实自足，也就不会有其他忧虑，一旦闲散下来，空闲时间多了，反而不知如何安排；疼痛比瘙痒更容易忍受，因为疼痛是迅速明快的，忍耐一下就会过去，而瘙痒是持续长久的，难以言说，也不易忍耐。能在富贵中不失其志，在闲散中心有所安，不被瘙痒扰乱，必然是相当有修养的人才能做得到。

二一七

余最爱草庐《日录》[①]有句云："淡如秋水贫中味，和若春风静后功。"读之觉矜平躁释[②]，意味深长。

【注释】 ①草庐《日录》：这里作者有误，把吴澄和吴与弼混淆了。原文所引"淡如秋水"云云，出自吴与弼《康斋文集》卷十一《日录》。吴与弼（1391—1469），字子傅，号康斋，崇仁（今江西崇仁）人。明代著名理学家、教育家，崇仁学派创立者。著有

《康斋文集》等。而“草庐”指元代著名理学家、经学家、教育家吴澄。吴澄（1249—1333），字幼清，抚州崇仁（今江西崇仁）人。人称草庐先生，死后谥文正。与许衡齐名，被称为“北许南吴”。著有《吴文正公集》等。

②矜：自负，傲气。平：平息。躁：浮躁。释：消释，解除。

【译文】 我最喜爱《草庐日录》中的一句话：“贫穷的滋味就像秋天的流水一般淡泊，静下来的心情如同春风一样平和。”读后觉得心平气和，真是含意深远而耐人咀嚼。

【评语】 心境淡泊超远，即便身处贫贱，也能安之若素，不会因外物的诱惑而丧失自我。因为本无所有，能于万物不起执著贪爱的缘故。就像秋水淡而远，反觉天地寥廓，无事无物不得自然之美。心态平和宁静，哪怕事务丛杂，也能应付自如，不会因忧虑的困扰而无谓烦躁。因为心静如镜，能澄涤万虑的缘故。就像春风和而畅，则觉天地生机勃勃，万事万物皆得随机而动。

二一八

敌加于己，不得已而应之，谓之应兵，兵应者胜；利人土地[①]，谓之贪兵，兵贪者败。此魏相论兵语也[②]。然岂独用兵为然哉？凡人事之成败，皆当作如是观。

【注释】 ①利人土地：贪求别国土地之利。

②魏相（？—前59）：字弱翁，济阴定陶（今山东定陶）人。西汉政治家，先后任茂陵令、河南太守、大司农、御史大夫等职，

谥宪侯。所引论兵语见《汉书》本传。

【译文】 敌人来攻打本国，不得已而与之对抗，这叫作“应兵”，不得已而应战的必然能够得胜。贪图他国土地而侵略他国，叫作“贪兵”，为贪得他国土地而作战必然会失败。这是魏相论用兵时所讲的话。然而岂止是用兵打仗如此呢？凡是人事方面的成功或失败，往往也应该如此去认识。

【评语】 止戈为武。兵者本是凶器，不得已而用之，无非是为了止戈。有仁义之心的人，不忍人民受到涂炭，不愿善人受到欺凌，因此以戈止暴，这就是所谓的应兵。应兵之所以必胜，乃是因为人心都是爱好和平、崇尚仁义的，应兵只是顺应民心；贪兵之所以必败，乃是因为人人都不愿被侵犯，不愿受欺凌，贪兵乃是违背民心。人事的成败得失，也都可以这样去认识：凡是违背民心、不顺应时势的，必定失败；凡是顺应民心、顺应时势的，必定成功。

二一九

凡人世险奇之事，决不可为，或为之而幸获其利，特偶然耳，不可视为常然也。可以为常者，必其平淡无奇，如耕田读书之类是也。

【译文】 凡是人世间危险奇怪的事，绝不要去做，虽然有人因为做了这些事而侥幸得到利益，那也只是偶然罢了，不可将它视为常态。可以作为常态的，一定是平淡而没有什么奇特的事，例如耕田、读书之类的便是。

【评语】 事之为奇为险，必不为常有之事，若是经常发生，也就不足为奇为险了。奇险之事一般不要去做，因为没有前例可循，很难做成。如果侥幸做成，并获得利益，那也是偶然的，不是长久之事。譬如海中寻宝，可谓奇险，但谁又能说一定会找到宝物呢？所以很难作为一生事业的依靠。可以作为自己一生事业的，还是平平常常的更合适。譬如耕种和读书，可谓极平常的事情，谁都可以去做，只要方法得当，加上付出足够的努力，总会有所收获的。

二二〇

忧先于事故能无忧，事至而忧无救于事，此唐史李绛语也[①]。其警人之意深矣，可书以揭诸座右[②]。

【注释】 ①李绛（764—830），字深之，赵郡赞皇（今河北赞皇）人。唐代中期名臣。元和六年（811）拜相，累封赵郡公。著有《李深之文集》等。

②揭诸座右：题在座旁，作为警惕自己的格言。

【译文】 事前有思虑周全，在做的时候就不会有可忧的困难出现，事到临头才去担忧，对事情已经没有什么帮助了，这是《唐书》记载李绛所讲的话。这句话警惕人的意思很深刻，可以将它写在座旁，时时提醒自己。

【评语】 许多事情如果不事先考虑过可能遭到的麻烦，而加以准备的话，等到做时碰到困难，已经来不及了。为什么呢？一方面事情本身像流水一般是不停止的，时机稍纵即逝；另一方面，有些困难需要多方面配合才能解决，一时之间如何能将这些条件凑齐呢？通常当你把种种条件集中起来时，事情已经无法挽救了。所谓“凡事预则立，不预则废”，说的就是这个道理。

二二一

尧、舜大圣，而生朱、均[①]；瞽、鲧至愚[②]，而生舜、禹。揆以余庆余殃之理[③]，似觉难凭。然尧、舜之圣，初未尝因朱、均而减；瞽、鲧之愚，亦不能因舜、禹而掩，所以人贵自立也。

【注释】 ①朱、均：尧之子丹朱，舜之子商均，均不肖。

②瞽、鲧（gǔn）：舜父瞽叟，曾与舜的后母及舜弟害舜；禹父鲧，治水无功。

③余庆余殃：即指"积善之家必有余庆，积恶之家必有余殃"。余庆，指先代积善而遗泽后代。余殃，指先代造恶而祸延子孙。

【译文】 尧和舜都是古代的大圣人，却生了丹朱和商均这样不肖的儿子；瞽和鲧都是愚昧的人，却生了舜和禹这样的圣人。若以善人遗及子孙德泽、恶人遗及子孙祸殃的道理去衡量，似乎不太说得通。然而尧、舜的圣明，原本就不因后代的不贤而有所减损；瞽、鲧那般的愚昧，也无法被舜、禹的贤能所掩盖，所以人最重要的是能自立自强。

【评语】 人要自立自强，要对自己的生命负责，谁也不能替你打算，谁也不能代替你选择。一个跌倒的人，如果他自己不想爬起来，任谁去扶他都没有用；一个装睡的人，如果他自己不愿意觉醒，任谁去叫唤他也是徒劳。外在的环境和外界的力量可能会有些积极或消极的影响，但都不是决定性的。就像尧、舜生朱、均，瞽、鲧生舜、禹，只要自己力求上进，奋发图强，即使祖上无德，也有可能成圣成贤；如果自甘堕落，为非作歹，子孙再贤德，也不能改变自己是大奸大恶的事实。

二二二

程子教人以静，朱子教人以敬。静者，心不妄动之谓也。敬者，心常惺惺之谓也[1]。又况静能延寿，敬则日强，为学之功在是，养生之道亦在是。静敬之益人大矣哉，学者可不务乎？

【注释】 ①惺惺：清醒的样子。

【译文】 程子教人“主静”，朱子教人“持敬”。“静”是心不起妄动，“敬”则是常保持心的醒觉。心不妄动，所以能延长寿命，常保觉醒，所以能日有增长，求学问的功夫在这里，保养身体的方法也在这里。“敬”和“静”对于人的益处实在太大了，学子能不在这上面下功夫吗？

【评语】 程明道先生所谓的“静”，乃是指心不随物转的一种境界。无论环境如何喧闹，心还是静的。朱子所谓的“敬”，在于“我自有一个明底事物在这里，把个敬字抵敌，常存个敬字在这里，则人欲自然来不得”。静和敬都是修养功夫，能静，所以心不乱，始终明明白白，不生烦恼，所以能延寿。能敬，所以不昏沉，不死寂，日起有功而常保醒觉以应物，所以能自强。

二二三

卜筮以龟筮为重[1]，故必龟从筮从，乃可言吉。若二者有一不从，或二者俱不从，则宜其有凶无吉矣。乃《洪范》稽疑之篇[②]，则于“龟从筮逆”者，仍曰“作内吉”，于“龟筮共违于人”者，仍曰“用静吉”。是知吉凶在人，圣人之垂戒深矣[③]。人诚能作内而不作外，用静而不用作，循分守常，斯亦安往而不吉哉？

【注释】 ①卜筮（shì）：用龟占卦曰卜，以蓍（shī）占卦曰筮。

②《洪范》：《尚书》中的篇名，旧传为箕子向周武王陈述的“天地之大法”。“稽疑”指《洪范》中以“稽疑”开头的一篇文字，下文“龟从筮逆”“作内吉”等引文出自该篇文字。

③垂戒：垂示警戒，留给后人的训诫。

【译文】 占卜是以龟甲和蓍草为主要的工具，因此一定要龟卜及筮占皆赞同，一件事才可称得上吉。如果龟和蓍中有一个不赞同，或是两者都不赞同，那么事情便是凶险而无吉兆了。但是在《尚书·洪范》以“稽疑”开头的那篇文字中，则对于龟卜赞同、蓍草不赞同的情形，视为对内吉祥，对于龟甲和蓍草占卜的结果都与人的意愿相违，仍然要说宁静不动则有利。由此可知，吉凶往往决定在自己，圣人的训诫十分深刻。人确实能对内吉外凶的事情在内行之而不在外行之，对于完全与人意愿相违的事守静而不做，安分守己，遵循常道，那么岂不是无往而不利吗？

【评语】 天下没有绝对吉的事，也没有绝对凶的事。吉凶往往决定于人，再凶险的事，只要不去做，那么仍是吉的。所以与其盲目信从卜筮的结论，倒不如反求本心，有所为有所不为，才能趋吉避凶。

二二四

每见勤苦之人，绝无痨疾[①]；显达之士[②]，多出寒门[③]。此亦盈虚消长之机[④]，自然之理也。

【注释】 ①痨疾：今指肺结核。

②显达：显赫闻达。

③寒门：贫寒微贱的家庭。

④盈虚消长：谓发展变化。盈虚，盈满或虚空。消长，指增减。

【译文】 常见勤勉刻苦的人绝对不会得痨病，而显名闻达之士多数是贫寒出身。这是事物发展变化的机枢，也是大自然本有的道理。

【评语】 勤苦之人绝无痨疾，乃是因为其外在肢体不断消耗，因此，内在生机便源源不绝。享乐之人四体不勤而犹进补，反而断了内在的生机，由内起了死意。显达之士出于寒门，因为寒门无所有，故唯有奋发向上，以至自立。富门出孽子，因为富门无所缺，故容易耽于淫乐，坐吃山空。《周易》说否极泰来，既济之后则为未济，都是综合自然现象而归纳出的人事道理。所以人要不断进取，又要戒盈戒满。

二二五

欲利己，便是害己；肯下人[①]，终能上人。

【注释】 ①下人：屈居于他人之下。

【译文】 想要对自己有利，往往反而害了自己。能够屈居人下，终有一天也能居于人上。

【评语】　一个人做事，如果只想着自己的利益，而不顾及他人，往往事情做不成，自己没有什么利益可图，反而极有可能害了自己。这是因为，一方面，为了自己的利益，可能会损害别人的利益，引起别人的不满，从而将自己置于失道寡助的境地，最终吃亏的还是自己；另一方面人为了获取利益，往往不择手段，干出一些损德败行的事情，最后遭受灾殃的也只能是自己。

俗话说："吃得苦中苦，方为人上人。"前一句便是"肯下人"的意思，后一句便是"能上人"的意思。一个人如果不肯把自己身段放低，不懂得谦抑忍让的道理，那就很难得到别人诚心诚意的帮助和拥戴。所谓"屈己者能处众，好胜者必遇敌"，只有善于把自己摆在别人下面的人，才更容易获得成功。争强好胜，则往往导致不好的结果。

二二六

古之克孝者多矣[①]，独称虞舜为大孝[②]，盖能为其难也；古之有才者众矣，独称周公为美才，盖能本于德也。

【注释】　①克孝：能够尽孝道。

②虞舜：古代传说中的圣君。姓姚，名重华，因其立国于虞，故称虞舜。

【译文】　自古以来能够尽孝道的人很多，然而唯独称虞舜为大孝之人，乃是因为他能在孝道上为人所难为之事。自古以来有才能的人很多，然而单单称赞周公才能杰出，乃是因为周公的才能以道德为根本。

【评语】　古来能成就大事业的人，一般能忍人之所不能忍，容人之所不能容，处人之所不能处。就好比能尽孝道的人固然多，但是像舜那样受尽父亲的种种陷害，仍能保有孝心的毕竟少见。舜被后人称为大孝，因为他在“父不父”的处境下，做到了常人难以做到的事情。

周公的美才是后世有才之人所难企及的，然而孔子仍说：“使骄且吝，则不足观。”由此可知，周公最难能可贵的，在于他的才华乃是以道德为本。有些人稍有才华，便趾高气扬，不可一世，原因在于无德。人一旦无德，其才也不足观，无才就更不值得一提了。而有才无德，常常比无才无德为害更大，因为其才足以济其恶。说到底，真正的人才，必须是德才兼备。

二二七

不能缩头者[①]，且休缩头；可以放手者，便须放手。

【注释】 ①缩头：指畏缩而不敢出头。

【译文】 不能逃避的事，就要勇敢地去面对。可以罢手的事，就要将它放下。

【评语】 大丈夫处世，有所为，有所不为。那些违背天理良心的事情，哪怕利益巨大，也绝对不去做。而一旦遇到于情于理都不应当逃避的事情，即使于己有害，仍然会去做。“见义不为，无勇也”“当仁不让于师”，这个“义”、这个“仁”，便是“不能缩头”之事。

人生在世，又往往不断追求，不断索取，总想抓住一些东西，以证明自己的人生没有虚度。但是人生来只有一双手，不可能抓住所有东西，所以可以放手的，还需放手，这是人生的大智慧。舍得舍得，有舍才有得，放开一些东西，才能抓住更重要的东西。

二二八

居易俟命①，见危授命②，言命者总不外顺受其正③；木讷近仁④，巧令鲜仁⑤，求仁者即可知从入之方⑥。

【注释】 ①居易俟命：语出《中庸》，指安于现在所处的地位，并努力做好应当做的事情，以等待天命。易，平地。俟，等待。

②见危授命：语出《论语·宪问》，谓在危急关头勇于献出自己的生命。授，给予。

③顺受其正：顺乎自然规律行事，以接受正命。意谓不冒险轻生，戕害自己。语出《孟子·尽心上》："莫非命也，顺受其正，是故知命者不立乎岩墙之下。"

④木讷近仁：语出《论语·子路》，谓质朴、沉默寡言近于仁德。木讷，质朴迟钝，没有口才。

⑤巧令鲜仁：语出《论语·学而》，谓花言巧语，一副讨好人的脸色，这样的人很少有仁德。巧令，指巧言令色。鲜，少。

⑥从入之方：指进入仁的途径和方法。

【译文】 君子在平日不做危险的言行，而是安于自己所处的境地，以等待时机，一旦国家有难，便能奉献自己的生命去挽救国家的命运，讲命运的人总不外乎顺乎自然规律行事，不戕害自己。质朴、沉默寡言近于仁德了，反之，花言巧语，一副讨好人的脸色，这样的人很少有仁德，寻求仁德的人由此可知该从何处做起才能进入仁道。

【评语】 君子不做危险而无意义的事，因为要保留其身用在该用之处。不像小人，将其生命虚掷在无意义的争斗上，自白地浪费了生命。有道德的君子，知道命运的取舍，若是要奉献自己的生命，他一定将生命奉献在最有价值的地方，所谓“以身殉道不苟生，道在光明照千古”。因此有德的君子能“见危授命”，而小人只能“见利授命”。

凡是会用言语欺骗人、讨好人的人，因为心有所求，往往不具有仁心。有仁德的人只会说实话，实话往往不好听，也不讨好人，因为他无欲无求。因此，求仁道的人，应该知道把自己的言行安在哪里，继而才可使自己的心“近仁”。

二二九

见小利，不能立大功；存私心，不能谋公事。

【译文】 只能见到小小的利益，就不能立下大的功绩。心中存着自私的心，就不能为公众谋事。

【评语】 只看到蝇头小利的人，目光短浅，只顾眼前，看不到事物的发展趋势，所以往往为小利而失大利，成不了什么大的事业。如果要成立大功业，绝不能只着眼于利，因为许多事并非一个“利”字所能涵盖的。

“公”“私”本身即是矛盾对立的，一个私心太重的人，是不能指望他为公众谋求福利的。但人不可能没有私心，只要私心不是那么重，在面对公利和私利发生冲突的时候，能够选择公利，舍弃私利，这样的人，还是可以赋予他为公众谋事的职务。

二三〇

正己为率人之本[1]，守成念创业之艰[2]。

【注释】 ①正己：端正自己。

②守成：保持前人已成就的业绩，不使失去。

【译文】 端正自己是作为他人表率的根本，保守已成的事业要念及当初创立事业的艰难。

【评语】 要想成为别人的榜样，自己就必须“言必有主，行必有法”，让人敬服。《论语》里说“其身正，不令而行，其身不正，虽令不从”，表达的也是这层意思。所谓“正”，不仅指端正自己的言语行为，使自己在品德上能够领导他人，同时也是纠正自己的认识，使自己在知识和见解上足以带领他人。

任何事在开办之初，总是克服了许多困难才取得成功的，但是经过了一段时日后，或者是当事者，或者是后人，忘了当初创立时的艰辛，常常会使得原本辛苦建立的事业毁于一旦。如果能不忘初心，并提醒后人，相信许多伟大的事业不会迅速地在时光中淹没，而会不断地发扬光大。

二三一

在世无过百年，总要作好人，存好心，留个后代榜样；谋生各有恒业，那得管闲事，说闲话，荒我正经工夫[1]。

【注释】 ①正经：正当的。

【译文】 人活在世上不过百年，总要做个好人，存有善心，为后人留个学习的榜样。谋生计是每个人恒常的事业，哪有时间去管一些无聊的事，说一些无聊的话，荒废了正当的工作。

【评语】 人生不过百年，何苦不做好人！做个好人，自己快活舒畅，俯仰无愧，也能为子孙积累阴德，留一个好榜样。

人生不过百年，何必管人闲事！每个人一生都有自己的工作，和自己想要完成的理想及目标，过好自己的人生，不对别人的人生指手画脚，说东道西，才是我们应有的态度。